折线配筋预应力混凝土先张梁长期变形

王 俊 著

人民交通出版社股份有限公司
China Communications Press Co.,Ltd.

内 容 提 要

本书重点介绍了折线先张法预应力混凝土梁的长期变形性能。主要内容包括:折线先张梁预应力参数及施工性能;折线先张梁长期变形影响因素及机理,折线先张梁"多系数法"徐变系数计算模式,考虑预应力度、构件截面等因素共同影响的徐变挠度计算公式;分析了折线配束对折线先张梁徐变挠度的影响以及预应力损失引起的时变应力对折线先张梁长期挠度的贡献;最后,在大量试验研究和理论分析的基础上,建立了综合考虑混凝土收缩及多应力状态对混凝土徐变影响的折线先张梁"多系数法"长期挠度模式。

本书提供了大量珍贵的折线先张梁施工及长期变形试验资料,可供从事相关研究的科研人员和高校师生参考,亦可供从事折线先张梁设计施工的工作人员参考使用。

图书在版编目(CIP)数据

折线配筋预应力混凝土先张梁长期变形 / 王俊著
. — 北京 : 人民交通出版社股份有限公司, 2016.9
ISBN 978-7-114-13332-9

Ⅰ. ①折… Ⅱ. ①王… Ⅲ. ①预应力混凝土—钢筋混凝土梁—变形 Ⅳ. ①TU375.1

中国版本图书馆 CIP 数据核字(2016)第 222642 号

书　　名:	折线配筋预应力混凝土先张梁长期变形
著 作 者:	王　俊
责任编辑:	卢俊丽　　闫吉维
出版发行:	人民交通出版社股份有限公司
地　　址:	(100011)北京市朝阳区安定门外外馆斜街 3 号
网　　址:	http://www.ccpress.com.cn
销售电话:	(010)59757973
总 经 销:	人民交通出版社股份有限公司发行部
经　　销:	各地新华书店
印　　刷:	北京鑫正大印刷有限公司
开　　本:	720×960　1/16
印　　张:	14
字　　数:	242 千
版　　次:	2016 年 9 月　第 1 版
印　　次:	2016 年 9 月　第 1 次印刷
书　　号:	ISBN 978-7-114-13332-9
定　　价:	52.00 元

(有印刷、装订质量问题的图书由本公司负责调换)

序　言

  徐变是导致混凝土桥梁结构长期变形的主要原因之一,加强预控是降低徐变影响的有效途径。以大跨径桥梁为例,混凝土徐变对其性能的影响是严重的。欧洲 CEB 委员会调查了 27 座混凝土桥梁的变形数据,表明有些桥梁在建造完成后 8 ~ 10 年内变形仍有明显增长且数值较大。美国的 Parrotts 渡桥在使用 12 年后,主跨跨中下挠约 635mm,大大超过预期。西太平洋帕劳共和国 Koror - Babeldaob 桥,建成后由于混凝土徐变使其跨中下挠多达 1.2m,后加铺桥面板又进一步加剧了徐变,加固修补 3 个月后桥梁倒塌。国内的三门峡黄河公路大桥、广东虎门大桥辅航道桥、黄石长江大桥等,在运营期间都出现了跨中挠度增加过大的问题,且在持续下挠过程中伴随出现大量斜裂缝及垂直裂缝,导致桥梁结构不得不加固处理。对新建设计速度 300 ~ 350km/h 客运专线的预应力混凝土桥梁,轨道铺设后,无砟桥面梁的徐变上拱值不应大于 10mm;如若桥梁后期徐变变形超出无砟轨道扣件的调节范围,将对桥上线路平顺性造成严重危害,甚至可导致轨道扣件破坏失效,对行车安全造成巨大隐患。

  对于折线先张梁,由于钢束线形差异使预应力梁中混凝土应力状态复杂化,在长期荷载作用下直接套用现有规范中的徐变系数计算模式来预测徐变变形的时程规律或长期挠度终值等指标,其精确度值得商榷。通过对折线先张梁进行大量的长期加载试验研究,本书建立了折线先张梁"多因素法"徐变系数计算模式和基于混凝土徐变"先天理论"的"单因素法"长期挠度表达式;创造性地指出了预应力度值对预应力混凝土梁长期变形的影响规律,建立了预应力梁徐变系数与徐变挠度系数间的数值关系表达式;分析了应力状态对折线配束的预应力混凝土梁长期变形的影响。在大量试验和理论研究的基础上,建立了综合考虑混凝土收缩及应力状态对徐变影响的折线先张梁"多因素法"长期挠度计算模式。

  本书提供给读者大量折线先张梁施工图片和折线先张梁长期变形试验数据资料,对该类梁工程设计与施工有重要学术意义,对折线先张梁长期变形预控有重要参考价值,可供从事相关研究及施工技术人员参考,故为之序。

高丹盈

2016 年 6 月于郑州

前　言

　　折线先张梁通过改变预应力钢束线形，实现对外部荷载的有效平衡，既克服了传统直线先张梁跨度不大的局限，又避免了后张梁预应力管道压浆不实及梁端混凝土局部压应力过大等技术难题，较好地保证了预应力混凝土桥梁适用性和耐久性，可应用于构件数量较多或工作环境相对复杂的公路及铁路桥梁，已在我国部分公路桥及青藏铁路桥中开始应用。

　　折线先张梁钢束线形引起梁中混凝土应力状态的差异，在长期荷载作用下直接套用我国规范《公路钢筋混凝土及预应力混凝土桥涵设计规范》(JTG D62—2012)或《铁路桥涵设计基本规范》(TB 10002.1—2005)中的徐变系数模式来预测徐变变形的时程规律或长期挠度终值等指标，其精确度值得商榷。本书通过对多根折线先张梁进行长期加载试验，对试验梁跨中截面不同高度处挠曲应变和跨中挠度长期观测，重点分析了影响折线先张梁长期变形的因素，建立了折线先张梁"多因素法"徐变系数计算模式和基于混凝土徐变"先天理论"的"单因素法"长期挠度表达式；获取了预应力度值对预应力混凝土梁长期变形的影响规律，建立了预应力梁徐变系数与徐变挠度系数间的数值关系表达式；采用有限元法，进一步分析预应力度、剪切应力及时变应力等因素对折线配束的预应力混凝土梁长期变形的影响。最后，在大量试验和理论研究基础上，建立了综合考虑混凝土收缩及应力状态对徐变影响的折线先张梁"多因素法"长期挠度计算模式。

　　作者在 2008～2015 年间开展与本书相关的研究过程中，获得了中国博士后基金项目(2014M562000)、河南省高等学校重点项目(2015A560009)、河南省高等学校青年骨干教师培养计划资助项目(2014GGJS-116)及河南省交通厅科研项目的资助支持。

　　本书得以出版，感谢我的博士导师、郑州大学刘立新教授给予了大量指导和关怀，并向其团队中的王新宇博士和赵静超硕士所给予的帮助支持一并致谢。感谢我的博士后合作导师、郑州大学王博教授和高丹盈教授在我开展博士后研究期间给予的指导和帮助。感谢人民交通出版社股份有限公司的领导及编辑为本书出版所付出的辛勤劳动。书中参考了众多文献，无论是否列出，在此一并表示衷心的感谢和敬意。

　　由于作者水平有限，书中难免有缺点和错误，衷心希望读者批评指正。

著　者

2016 年 8 月

目　　录

第1章　折线先张预应力混凝土梁工程应用 ·················· 1

　1.1　预应力混凝土结构概述 ·························· 1

　　1.1.1　预应力混凝土结构发展历程 ················· 1

　　1.1.2　预应力混凝土结构的原理 ··················· 2

　　1.1.3　预应力混凝土结构施工工艺及特点 ·········· 4

　1.2　折线先张梁工程应用概况 ····················· 7

　　1.2.1　折线先张梁的特点 ························· 7

　　1.2.2　折线先张梁工程应用与研究概况 ············ 9

　　1.2.3　折线先张梁工程应用中的瓶颈 ·············· 14

　1.3　折线先张梁预应力参数 ······················· 15

　　1.3.1　钢绞线弯折抗拉强度 ······················ 15

　　1.3.2　弯起器处钢绞线摩擦损失 ·················· 19

　1.4　折线先张梁施工 ······························· 21

　　1.4.1　施工案例 ································· 21

　　1.4.2　折线先张梁施工工艺 ······················ 25

第2章　折线先张梁长期变形试验 ····················· 29

　2.1　预应力混凝土梁长期变形研究现状 ·············· 29

　　2.1.1　混凝土徐变概述 ·························· 29

　　2.1.2　预应力混凝土梁长期变形的影响因素 ········ 32

　　2.1.3　预应力混凝土梁长期变形研究亟待解决的难题 ··· 33

　2.2　试验梁设计与制作 ···························· 35

　　2.2.1　截面及线形设计 ·························· 35

　　2.2.2　台座设计与施工 ·························· 37

　　2.2.3　试验梁施工 ······························ 38

　2.3　施工阶段预应力监测 ·························· 42

　　2.3.1　钢绞线应力应变监测 ······················ 42

　　2.3.2　试验梁施工阶段各项预应力损失计算分析 ····· 43

　2.4　施工阶段变形监测 ···························· 46

　2.4.1　试验梁预应力等效荷载 ……………………………………… 47
　2.4.2　建立预应力后跨中截面变形 ………………………………… 50
2.5　二次加载及瞬时效应分析 …………………………………………… 50
　2.5.1　二次加载方案 ………………………………………………… 50
　2.5.2　量测方案 ……………………………………………………… 52
　2.5.3　加载环境 ……………………………………………………… 52
　2.5.4　二次加载后的瞬时效应 ……………………………………… 54

第3章　折线先张梁长期变形特征及模式 ……………………………… 55
3.1　混凝土徐变效应的计算 ……………………………………………… 55
　3.1.1　徐变特征指标 ………………………………………………… 55
　3.1.2　混凝土徐变计算理论 ………………………………………… 57
　3.1.3　混凝土徐变系数表达方式 …………………………………… 60
　3.1.4　当前常用的徐变系数模式 …………………………………… 62
3.2　试验梁跨中截面徐变 ………………………………………………… 66
　3.2.1　跨中截面上边缘徐变应变及总应变 ………………………… 66
　3.2.2　跨中截面不同高度处的徐变应变 …………………………… 69
　3.2.3　预应力混凝土梁徐变应变几何模型 ………………………… 70
3.3　折线先张梁徐变系数模式 …………………………………………… 71
　3.3.1　试验研究 ……………………………………………………… 71
　3.3.2　徐变系数时程规律 …………………………………………… 73
　3.3.3　徐变系数"多系数"法表达式 ……………………………… 73
　3.3.4　"多系数"法徐变系数计算模式的误差分析 ……………… 76
3.4　试验梁跨中截面长期挠度 …………………………………………… 81
　3.4.1　长期挠度时程规律 …………………………………………… 81
　3.4.2　长期挠度系数时程规律 ……………………………………… 83
　3.4.3　以"先天理论"为基础的"单因素法"长期挠度系数计算公式 … 86

第4章　预应力混凝土梁徐变挠度 ……………………………………… 89
4.1　基本概念 ……………………………………………………………… 89
　4.1.1　预应力度 ……………………………………………………… 89
　4.1.2　预应力度法 …………………………………………………… 91
4.2　预应力梁徐变系数与徐变挠度数值关系解析法分析 ……………… 93
　4.2.1　全预应力梁徐变系数与徐变曲率系数间的数值关系 ……… 94
　4.2.2　部分预应力梁徐变系数与徐变曲率系数间的数值关系 …… 95

　　4.2.3　预应力梁徐变系数与徐变挠度系数数值关系 …………… 96
　4.3　预应力梁徐变挠度系数与徐变系数比值 k 的数学表达式 ………… 97
　　4.3.1　试验研究与基本假定 ……………………………… 97
　　4.3.2　全预应力梁比值系数 k 值的确定 ……………………… 99
　　4.3.3　部分预应力梁比值系数 k 值的确定 ………………… 102
　4.4　比值 k 的影响因素 ………………………………………… 104
　　4.4.1　构件截面 …………………………………………… 104
　　4.4.2　荷载因素 …………………………………………… 106
　　4.4.3　影响因素对 k 值的敏感性分析 ……………………… 107
　　4.4.4　考虑预应力度和徐变系数共同影响的徐变挠度系数
　　　　　简化公式 …………………………………………… 109
　4.5　预应力混凝土梁徐变挠度计算公式 ………………………… 110
　　4.5.1　常见的徐变挠度计算方法 …………………………… 110
　　4.5.2　考虑预应力度和徐变综合影响的徐变挠度计算模式 …… 111
　　4.5.3　试验梁徐变挠度在不同计算模式下的计算值对比 …… 112
第5章　应力状态对混凝土徐变性能的影响……………………… 114
　5.1　大跨径预应力混凝土梁现代布束技术
　　　及其对混凝土应力状态的影响 ………………………… 114
　　5.1.1　大跨径预应力混凝土箱梁布束技术 ………………… 114
　　5.1.2　多向布束对桥梁结构混凝土应力状态的影响 ……… 115
　5.2　不同应力状态下混凝土徐变研究 …………………………… 117
　　5.2.1　不同应力状态下混凝土徐变性能 …………………… 117
　　5.2.2　不同应力状态下混凝土徐变试验技术 ……………… 121
　5.3　单位应力作用下试验梁徐变性能分析 ……………………… 127
　　5.3.1　混凝土徐变应变与相对应力值之间关系的试验研究 …… 127
　　5.3.2　长期荷载作用下预应力混凝土梁单位应力作用下的
　　　　　徐变特征 …………………………………………… 128
　5.4　复杂应力状态下混凝土徐变性能的研究思路 ……………… 131
　　5.4.1　混凝土徐变线性叠加原理适用范围讨论 …………… 131
　　5.4.2　不同应力状态下混凝土徐变性能相关性研究意义
　　　　　及研究思路 ………………………………………… 132
第6章　应力状态对预应力梁徐变变形影响的有限元分析………… 135

6.1　有限元软件对混凝土徐变变形求解的实现 ……………………… 135

　　6.1.1　ANSYS软件求解徐变思路 ………………………………… 135

　　6.1.2　MIDAS软件求解徐变思路 ………………………………… 138

6.2　试验梁徐变挠度有限元分析 …………………………………… 139

　　6.2.1　有限元模型建立及求解思路 ……………………………… 139

　　6.2.2　徐变挠度有限元计算结果 ………………………………… 145

　　6.2.3　徐变挠度分析 ……………………………………………… 147

6.3　应变梯度对预应力混凝土梁徐变变形的影响 ………………… 148

　　6.3.1　有限元分析 ………………………………………………… 149

　　6.3.2　预应力梁徐变(挠曲应变)系数与徐变挠度系数差异性 … 152

　　6.3.3　预应力度对预应力混凝土梁徐变变形系数数值关系的影响 … 153

6.4　弯剪压复合受力预应力混凝土梁徐变变形有限元分析 ……… 156

　　6.4.1　剪切徐变对预应力混凝土梁长期变形的影响 …………… 156

　　6.4.2　弯剪压复合受力梁徐变变形有限元分析 ………………… 157

　　6.4.3　折线束引起剪力对弯剪压复合受力梁徐变挠度的

　　　　　影响及机理分析 ………………………………………… 161

　　6.4.4　折线布束弯剪压复合受力预应力混凝土梁徐变挠度

　　　　　影响因素 ………………………………………………… 161

7　时变应力对折线先张梁长期变形的影响 …………………………… 166

7.1　预应力混凝土梁桥时变应力构成及计算方法 ………………… 166

　　7.1.1　预应力损失构成 …………………………………………… 166

　　7.1.2　时变应力损失的计算方法 ………………………………… 167

　　7.1.3　折线先张梁预应力损失有限元法计算 …………………… 172

7.2　折线先张梁长期挠度有限元分析 ……………………………… 176

　　7.2.1　MIDAS对折线先张梁长期挠度求解实现及存在的问题 … 176

　　7.2.2　不同徐变系数模式下折线先张梁长期挠度计算分析 …… 177

7.3　时变应力及其与收缩徐变耦合对梁长期挠度的影响 ………… 179

7.4　折线先张梁长期挠度构成分析 ………………………………… 181

8　折线先张梁长期挠度计算模式 …………………………………… 184

8.1　钢筋混凝土梁长期挠度计算方法 ……………………………… 184

　　8.1.1　长期挠度增量的构成 ……………………………………… 184

　　8.1.2　长期挠度的计算方法 ……………………………………… 187

8.1.3　预应力混凝土梁长期挠度计算时存在的问题 ……………… 190

8.2　预应力混凝土梁长期变形表征参数 …………………………… 190

8.2.1　长期挠度系数与徐变系数间差异性分析 ………………… 191

8.2.2　徐变挠度系数与徐变系数 ………………… 194

8.2.3　长期挠度系数与徐变挠度系数 ………………… 195

8.3　考虑收缩及应力状态对徐变影响的折线先张梁"多系数法"
　　　长期挠度计算模式 ……………………………………………… 196

8.3.1　"多系数法"长期挠度系数表达式 ………………… 197

8.3.2　"多系数法"与"单系数法"两种计算公式对比 ………… 198

8.3.3　折线先张梁长期挠度计算公式 ………………… 199

参考文献 ………………………………………………………………… 202

第1章　折线先张预应力混凝土梁工程应用

1.1　预应力混凝土结构概述

1.1.1　预应力混凝土结构发展历程

预应力混凝土结构是指在结构承受外荷载之前,预先对其在外荷载作用下的受拉区施加压应力,借以改善结构使用性能,并提高结构抗开裂能力的混凝土结构形式。而预应力原理早在我国古代人们制造木桶、木盆和车轮过程中已广为应用,但预应力技术在土木工程中应用成功的历史很短暂[1]。1866年美国工程师杰克逊(P. H. Jackson)、1888年德国工程师道克林(C. E. W. Dochring)在普通钢筋混凝土梁或板中引入了预应力技术,但受到当时的材料性能和技术手段的限制,对普通钢筋混凝土构件中施加的预应力较低,且预应力施加后由于混凝土收缩、徐变等因素,使这种较低的预应力很快消失,因此,预应力技术在普通混凝土构件中的应用并不成功。

预应力混凝土成为实用技术,法国工程师弗莱西奈(E. Freyssinet)做出了重要贡献。他在对钢材和混凝土材料性能大量研究及总结前人经验的基础上,考虑了混凝土的收缩、徐变所造成的预应力损失,并在1928年指出预应力混凝土必须采用高强混凝土和高强钢材。这一观点使预应力混凝土在理论上取得了关键性突破。

1938年,德国的霍友(E. Hoyer)成功研究了依靠高强预应力钢丝和混凝土之间的黏结力来传递预应力的先张法施工工艺;1939年,弗莱西奈首创了双作用千斤顶和锥形锚具;1940年,比利时的麦尼(G. Magnel)成功研制了可同时张拉两根钢丝的麦氏锚具模块。这一系列工作都为提高预应混凝土生产技术和改进生产工艺提供了技术工艺保证。1940年英国采用预应力混凝土芯棒和薄板制作预应力混凝土构件,1941年前苏联采用连续配筋技术,1943年美国、比利时提出电热法获得预应力,1944年法国设想采用膨胀水泥的化学方法获得预应

1

力[2-4]。第二次世界大战后，由于钢材紧缺，预应力混凝土大量代替钢结构以修复战争破坏的结构构件，使得预应力技术蓬勃发展。近 50 年来，预应力技术在土木工程的各个领域均扮演着重要角色。

我国预应力混凝土结构是在 20 世纪 50 年代发展起来的，最初试用于预应力钢弦混凝土轨枕；70 年代后期，预应力技术在桥梁工程中取得了较快的发展。近年来，我国修建的各类大桥几乎全是预应力混凝土结构，随着施工技术的进步和人们对预应力结构研究的深入，预应力混凝土施工工艺及布束技术已取得长足进步[5]，预应力技术得到了新的发展，主要表现在以下几个方面[6,7]：

（1）有黏结技术与无黏结技术在超长跨径结构中的应用。

（2）节段施工技术及其在桥梁工程中的成功应用。

（3）预应力新型锚夹具及配套施工机械的开发与应用。

（4）体外预应力施工技术在工程结构加固领域的应用。

（5）高性能混凝土（尤其是低收缩、低徐变性能）在预应力混凝土结构中的成功应用。

（6）预应力混凝土桥梁中采用的纵、横、竖向多向布束技术的广泛应用。

（7）折线形布束预应力混凝土先张法梁在公路、铁路桥梁中的应用推广。

1.1.2　预应力混凝土结构的原理

钢筋混凝土结构是我国工程建设中广泛应用的结构形式之一，据不完全统计，我国目前每年混凝土用量已超过 20 亿 m³，混凝土结构年用钢筋已近 1 亿 t[8,9]。为了充分发挥材料的性能，把钢筋和混凝土这两种材料按照合理的方式结合在一起共同工作，组成了钢筋混凝土结构，钢筋主要承受拉力，混凝土主要承受压力。

普通钢筋混凝土结构构件中的钢筋虽能弥补混凝土抗拉强度太低的缺点，但仍不能有效解决其在正常使用状态下的开裂问题。由于混凝土的极限拉应变很小，普通钢筋混凝土受弯或受拉构件，无论配筋较多还是配筋较少，在正常使用状态下带裂缝工作均为常态，这在一定程度上影响了钢筋混凝土结构在大跨径结构或对裂缝要求较高的结构中的应用，而且钢筋混凝土结构构件开裂对结构安全或正常使用带来诸多难题，主要表现在以下几方面：

（1）裂缝的存在使结构或构件的抗渗漏性和耐久性大为降低，因此普通钢筋混凝土不适合用作有抗渗漏要求的结构，也不能用于有侵蚀性介质环境的结构。

（2）难以发挥高强钢材和高强混凝土的强度。试验和实践经验均表明，采用 HRB335 级热轧螺纹钢筋的混凝土受弯构件,在正常使用状态下的平均裂缝宽度已达到 0.2mm,此时钢筋的应力仅为 200MPa 左右,若采用更高强度的钢筋,在其强度尚未达到设计值时,混凝土裂缝宽度已远远超过规范允许值。

(3)裂缝的出现导致构件刚度降低、挠度增大。对于跨径较大的受弯构件,结构的自重往往占总荷载的一半以上,因此普通钢筋混凝土结构或构件难以适用于大跨、高层等现代化工程结构。

克服普通钢筋混凝土结构或构件开裂的有效方法之一是采用预应力混凝土。美国混凝土协会(ACI)对预应力混凝土的定义是:预应力混凝土是根据需要人为地引入某一数值与分布的内应力,用以部分或全部抵消外荷载应力的一种加筋混凝土。即对结构或构件预期将出现拉应力的部位,预先人为地施加预压应力,用以抵消或减少在外荷载作用下混凝土预期承担的拉应力。预压应力的大小,可以根据需要进行调整,能达到在使用荷载下混凝土不受拉、不开裂或约束裂缝宽度的目的。

如图 1.1 所示的简支梁,如果预先在梁的受拉区施加一对大小相等、方向相反的偏心预压力 N_p,则在梁截面下边缘混凝土中产生的预压应力 σ_{pc} 为(取压应力为正):

$$\sigma_{pc} = \frac{N_p}{A} + \frac{N_p e y}{I} \qquad (1.1)$$

式中:e——预压力 N_p 对截面形心的偏心距;

　　　y——截面下边缘到截面形心的偏心距;

　A、I——截面的面积和惯性矩。

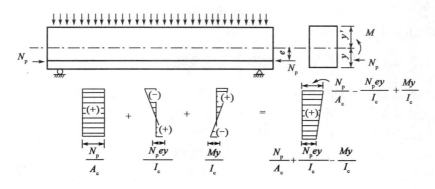

图 1.1　均布荷载作用下的预应力简支梁

在外荷载作用下,截面下边缘将产生的拉应力 σ_{ct} 为:

$$\sigma_{ct} = -\frac{My}{I} \tag{1.2}$$

式中:M——均布荷载在跨中截面产生的弯矩。

跨中截面下边缘混凝土最后的应力 σ_c 为上述两种情况的叠加,即

$$\sigma_c = \frac{N_p}{A} + \frac{N_p ey}{I} - \frac{My}{I} \tag{1.3}$$

调整预压力 N_p 的大小和位置,在预应力和外荷载的共同作用下,梁跨中截面下边缘混凝土应力可能是压应力,也可能是数值很小的拉应力。也就是说,预加偏心力 N_p 可部分或全部抵消外荷载所引起的拉应力,从而延缓甚至避免混凝土构件的开裂。

和普通钢筋混凝土结构或构件相比,预应力混凝土结构或构件有一些明显的优点:可避免或控制混凝土的开裂,提高了混凝土结构的抗裂性、抗渗性和耐久性;提高了构件的刚度,可减小构件的截面尺寸,不仅可降低结构的自重、节约材料、降低造价,也可应用于大跨结构,扩大了混凝土结构的应用范围;预应力混凝土结构或构件中的预应力筋在荷载作用下的应力幅值较小,抗疲劳性能和卸载后的恢复能力均较好;折线或抛物线形的弯起预应力筋可产生斜向预压应力,可提高斜截面的抗裂性和受剪承载力。此外,由于预加应力一般都是通过张拉高强预应力筋的方法实现的,而预加应力的大小随混凝土强度的提高而增加,因此预应力混凝土可充分利用高强钢筋和高强混凝土的强度优势,进一步减小截面尺寸、减轻自重,扩大混凝土结构的应用范围。预应力混凝土基本上克服了普通钢筋混凝土结构构件的主要缺点,在桥梁等大跨径结构、高层建筑以及一些特种结构工程中的应用越来越广泛。

1.1.3 预应力混凝土结构施工工艺及特点

传统的预应力混凝土结构按预应力施加工艺可分为先张法和后张法[10]。

先张法是先在台座上张拉钢筋并作临时固定,然后浇筑混凝土并养护,待混凝土达到规定强度后(一般为设计强度的70%以上)放松钢筋,钢筋在回缩时挤压混凝土获得预加应力,其主要工序如图1.2所示。

先张法制作预应力混凝土具有施工周期短,工序简洁,节省材料(锚、夹具),维修养护工程量少及耐久性好等特点,但先张法需要张拉台座,通常用于工厂化大批量生产的预制预应力构件。传统先张法构件的预应力筋通常为直线

形(称为直线先张法),其预压力产生的等效弯矩图为矩形,当用于受弯构件时,等效弯矩的分布与外荷载产生弯矩的分布(多为抛物线形或折线形)不一致,因而使直线先张法预应力构件的应用范围受到一定限制。目前,先张法多用于生产跨径 20m 以下的预制预应力混凝土板类构件、跨径不大的梁以及轴心受拉构件(如屋架下弦杆)等。

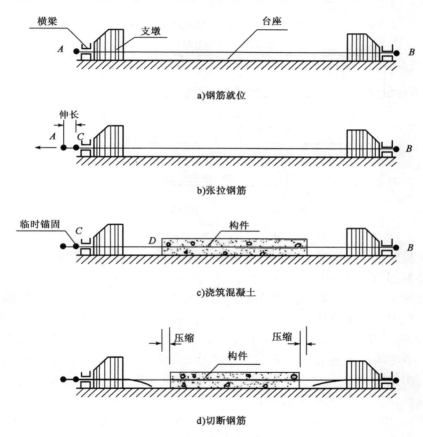

图 1.2 先张法施工工序

后张法是先浇筑混凝土构件,制作时在构件中预留孔道,等到混凝土构件达到一定的强度后,在预留孔道内穿入钢绞线,然后按照设计要求张拉并用锚具将钢绞线锚固在构件的端部,通过锚具对混凝土的挤压产生预加应力。钢绞线张拉、锚固完成后,应对孔道进行压力灌浆(为保证灌浆密实,在远离灌浆孔的适当部位应预留出气孔),使预应力筋与混凝土结合并共同工作,且可防止预应力筋锈蚀。后张法是依靠钢筋端部的锚具来传递预加应力的,其主要工序如图1.3所示。

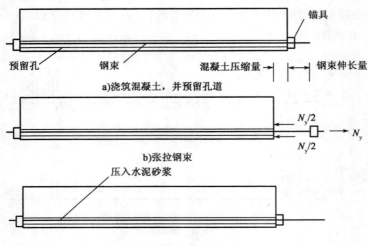

图 1.3　后张法施工工序图

无黏结预应力也属于后张法,无黏结预应力钢筋一般是由钢绞线、高强钢丝外涂防腐油脂并设外包层组成,目前使用较多的是钢绞线外涂油脂并外包 PE 层的无黏结预应力钢筋,其特点是预应力筋可在外包层中滑动。施工时先将无黏结预应力钢筋像普通钢筋那样埋设在混凝土中,混凝土达到规定强度后即可进行预应力筋的张拉和锚固。由于在钢筋和混凝土之间有涂层和外包层隔离,因此二者之间能产生相对滑移,省去了后张法有黏结预应力混凝土的预留孔道、穿预应力钢筋、压浆等工艺,有利于节约设备和缩短工期。无黏结预应力混凝土施工简便,但预应力筋完全依靠锚具来锚固,一旦锚具失效,整个结构将会发生严重破坏,因此对锚具的要求较高。相对于无黏结预应力构件而言,在预应力筋孔道内灌水泥浆的后张法构件又称为有黏结预应力构件。

制作和生产后张法预应力结构及构件不需要台座,张拉预应力筋常用千斤顶,可在现场施工,比较方便。此外,后张法预应力筋的线形可根据需要布置成曲线形或折线形,预应力等效弯矩的分布与外荷载产生弯矩的分布比较一致,因此后张法可适用于跨径较大的预应力构件,如桥梁、大跨屋面梁等。目前,我国公路、铁路的混凝土桥大多采用后张法预应力混凝土梁。但后张预应力混凝土梁由于布设波纹管及端部加强钢筋较多,在灌浆过程中容易导致孔道压浆不密实或堵孔,引起预应力筋的锈蚀,进而出现裂缝、持续下挠等诸多致命病害,严重影响了桥梁的安全和使用年限。

综上所述,传统的先张法施工工艺多采用直线形配筋,直线钢束线形使其跨径局限在 20m 以下,结构的力学性能亦有较多缺陷,不能满足当前工程大跨径结构的需要。采用后张法施工工艺的预应力混凝土构件,在力学性能上优于直线布束的先张法构件,但难以实现工厂化生产;且由于钢束预留孔道的压浆不密实等质量问题迄今未能很好克服,使构件在后期使用过程中的可靠性不易保证。因此,综合上述两种方法各自优点的折线配束预应力混凝土先张梁,可较好地解决上述难题,在工程中已开始推广应用[11,12]。

1.2 折线先张梁工程应用概况

1.2.1 折线先张梁的特点

折线形配筋预应力混凝土先张梁(下文统称"折线先张梁")是根据设计要求,将预应力钢束在梁中的某一位置按一定角度弯起,使钢束的等效荷载与预应力梁承受的外部荷载相匹配(图 1.4),进而使梁跨中附近的混凝土受预压力,梁端附近的混凝土受预剪力;是一种力学性能优越、施工技术先进的新型预应力混凝土结构。

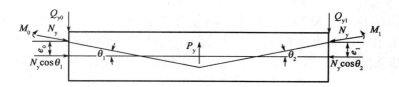

图 1.4 折线先张梁预应力束的等效荷载

折线先张法的工序如图 1.5 所示,其特点是预先在张拉台座上安放弯起器,将梁底的部分钢绞线穿过弯起器后向上弯折,形成折线形,张拉预应力筋并在台座端部锚固,浇筑构件混凝土,待混凝土达到规定强度后放张钢绞线,将弯起器下部与台座连接处松开(弯起器上部留在梁内,下部可重复利用),即形成折线先张法预应力混凝土构件。

(1)折线先张梁同直线先张梁相比,有如下优点:

①折线先张梁的预应力束筋等效荷载更易平衡构件在外荷载作用下的实际荷载效应,进而可节约预应力钢筋。

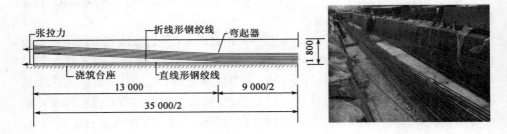

图 1.5　折线先张法工艺(尺寸单位:mm)

②折线先张梁可通过预应力钢束起弯位置的改变来调整跨中等效弯矩,使构件施工阶段的反拱值降低,有利于控制其使用阶段的长期变形,进而使预应力先张法技术适用于更大跨径的结构。

③折线先张梁预应力筋弯起后,在梁腹板中产生竖向应力,可有效提高梁的抗剪性能。

④折线先张梁在理论上可完全消除腹板中的主拉应力,且可以通过调整线形来控制腹板内主拉应力值,进而避免预应力梁腹板开裂,提高构件的耐久性。

(2)与当前在工程实践中应用最广泛的曲线形配筋后张法预应力梁(下文统称"曲线后张梁")相比,折线先张梁具有如下优点:

①折线先张梁的预应力筋与混凝土黏结缺陷较小,可靠性高。

后张梁对预留孔道需采用专用设备压浆,且压浆质量难以保证。东南大学于 21 世纪初对已拆除的 3 座使用近 10 年的大跨径后张法预应力混凝土桥梁进行了实桥孔道压浆饱满率的调查,共计调查了 45 个箱梁断面,2 400 多个孔道。3 座桥压浆饱满率都不到 80%,大部分断面只在 70% 左右,压浆质量存在严重缺陷。

工程实践表明:采用后张法施工的预应力混凝土桥梁裂缝开展或持续下挠,大多与预应力钢材的后期锈蚀有关;而潮湿的空气环境及施工时采用不正确的压浆工艺,即为引起预应力钢材锈蚀的主因。建于 1958 年的英国维尔斯 YNYS-GMAS 后张法大桥,就是由于灌浆不实引起预应力筋锈蚀而于 1985 年倒塌[13,14]。由此,后张梁的耐久性问题更是向人们敲起了警钟。

折线先张梁将预应力筋与混凝土黏结缺陷降低至最小,避免了由于预应力钢筋的锈蚀而引发的诸多质量问题,因此,折线先张梁可靠性能优于同条件的曲线后张梁。

②折线先张梁预应力钢束线形较易控制,施工工艺相对简单。

折线先张梁通过在张拉台座相应位置上布置弯起器,使预应力束线形能准确地达到设计要求。曲线后张梁在混凝土浇筑振捣过程中,预留孔道的波纹管位置易发生改变,影响钢束的最终线形,进而改变预应力筋的等效荷载,使梁运营期间的力学性能受到影响[15,16]。

曲线后张梁施工时需多次下料、穿束、张拉、灌浆等工艺,耗时费力,还需要橡胶抽拔管或金属波纹管等专用的成孔设备和材料,施工工艺较折线先张梁复杂。

③折线先张梁预应力损失相对较小,预应力损失计算方法更为准确[17-20]。

试验实测表明,折线先张梁与曲线后张梁相比,预应力损失较小。对折线先张梁,预应力筋通过弯起器的摩擦损失更为准确直接。而曲线后张梁,钢束预应力摩阻损失的计算则采用了反向摩擦系数与正向摩擦系数相同的假定,误差相对较大。

④折线先张梁预应力束张拉锚固区的混凝土局部压应力较易控制。

由于施加预应力方式的差异,折线先张梁对梁端局部压应力过大的情况较易防治。在预应力束筋材料用量相同的情况下,虽然折线先张梁比后张梁的有效预应力值较大,但混凝土局部压应力更易控制。

1.2.2　折线先张梁工程应用与研究概况

由于折线先张梁具有耐久性高,适用于较恶劣的工作环境等优点,且应用于构件数量较多的公路桥梁或铁路桥梁,与曲线后张梁相比,在经济和社会效益有一些明显优势[21]。近年来,在国外及我国台湾及大陆等地的跨海大桥、高铁桥梁中已开始有较多应用。我国在青藏铁路桥的建设中,为适应青藏高原特殊的环境需提高桥梁的耐久性,首次成功应用了跨径24m的折线先张梁[22]。2008年,折线先张预应力混凝土桥在河南驻马店至桐柏高速公路淮河桥开始应用,成功实施了跨径为35m折线先张法预应力混凝土箱梁[18]。同时,折线先张梁的相关研究也陆续开展。

(1)国外及我国台湾地区的应用

国外折线先张法梁的研究应用起步较早。前苏联曾于20世纪50年代设计过跨径达到69.2m的折线先张法预应力混凝土梁,其定型设计跨径为15.8~33.5m;20世纪60年代前后,美国在公路和铁路桥梁中采用了大量的折线先张法预应力梁。我国台湾在台北至高雄的高速铁路桥梁中也采用了跨径达50m的折线先张法预应力箱梁(图1.6),台湾大陆工程公司在高速铁路桥梁中还研制开发了用于折线形钢绞线张拉的音叉式弯起器[23,24](图1.7)。

图1.6 折线先张法预应力箱梁的施工

图1.7 折线先张法预应力箱梁的弯起器

国外折线先张法预应力筋弯起的形式主要有两种,即转向器导向弯起方式和下拉弯折方式。导向弯起方式是意大利等国近年来在高速公路和铁路的预应力桥梁结构中的主要应用形式,既可适用于长线台座张拉,又可适用于短线台座张拉。这种弯起方式是在张拉台座预应力筋需要弯起处预先安装横向张拉装置(称为弯起器),折线预应力筋穿过弯起器后斜向上弯折、张拉后锚固于张拉台座,浇筑混凝土并养护至规定强度后,放张预应力筋,同时松开弯起器下部的连接装置[图1.8a)]。

下拉弯折式是20世纪60~70年代应用于长线台座的一种施工方法,预应力筋先通过纵向张拉台座水平张拉到一定应力,然后通过横向张拉装置施加竖向力,使预应力筋呈折线形,并达到规定的预拉应力[图1.8b)]。

对于要求更大跨径的折线先张法预应力构件,为使预应力筋的布置更能有效地平衡外荷载的弯矩,预应力筋可在不同的地方折起,称为多点弯折方式[图1.8c)]。

10

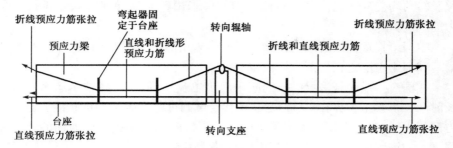

a)转向器导向弯起张拉

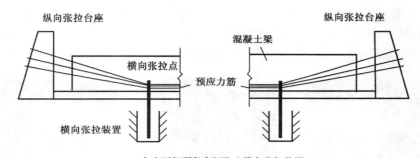

b)下拉弯折方式张拉

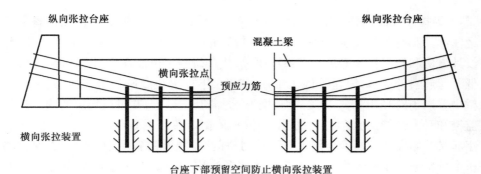

c)多点弯起方式

图1.8 折线预应力筋的张拉弯起形式

采用下拉弯折方式张拉有一定危险性,施工人员不可将身体暴露在下拉装置的下方,必须采取措施在旁边操作,且对操作要求精度比较高,预应力筋的位移及转角均受到一定限制。目前国内外多采用转向器导向方式张拉折线预应力筋[25,26]。

本书第二章开展折线先张梁施工制作采用的是如图1.8a)所示的方案。

（2）国内折线先张梁的应用

我国对折线先张法梁的研究应用起步也较早,但因一些技术原因停滞了较长时间。桥梁工程界在20世纪50年代曾试制过跨径为31.7m折线先张法预应力混凝土梁,当时采用了置于梁体内部的枣核暗锚具形成预应力筋的转折并加强钢丝的锚固,但因锚固处混凝土的局部应力较大,产生了许多放射状裂缝,导致跨径20m以上折线先张法预应力梁的研究、生产被搁置。20世纪末至21世纪初,为提高在青藏高原特殊环境下预应力混凝土桥梁的耐久性,再次进行了折线先张法预应力梁的研究,在青藏铁路桥中首次成功应用了跨径24m的折线先张预应力混凝土T形梁,并研制开发成功辊轴式弯起器[27]（图1.9）。

图1.9　青藏铁路折线先张T形梁桥及弯起器

为提高在高速公路中大量使用的预应力混凝土桥梁的耐久性,河南省交通运输部门和有关单位从2004年开始对折线先张法预应力混凝土梁的受力性能、设计方法和施工技术等进行了系统研究,成功研制了拉板式钢制弯起器,大大降低了弯起器的成本,简化了施工工序。2006年首次在高速公路淮河桥、黄鸭河桥中采用了跨径为35m折线先张法预应力混凝土箱梁,并进行箱梁的施工过程监控和受力性能试验,为工程应用提供了依据。在以上研究的基础上,从2009年起又开始在京九高速公路山东段黄河桥的引桥、湖南省岳阳至常德高速公路桥中分别采用了跨径为70m的折线先张预法应力混凝土T梁和跨径为25m的折线先张预法应力混凝土箱梁,使我国折线先张法预应力混凝土梁的研究和应用达到了国际领先水平。如图1.10所示为淮河桥应用的35m折线先张法预应力混凝土箱梁和自行研制的拉板式弯起器。

（3）我国折线先张梁应用研究概况[28-39]

我国近年来配合折线先张法预应力混凝土梁在公路、铁路桥梁工程中的应用,对折线先张法预应力梁从构件受力性能、施工工艺、设计方法以及工程应用等方面进行了一系列研究。王海良、王慧东等分析了传统直线先张法预应力构件的受力特点及应用状况,阐述了折线先张法预应力技术需要解决的问题,对在桥梁工程中应用折线布束的先张法预应力梁的技术进行了探讨,指出在我国中、小跨径混凝土桥梁中采用折线先张法是可行的。

图1.10 淮河桥35m折线先张法预应力混凝土箱梁弯起器

王荣华、盛兴旺等对先张和后张法预应力混凝土简支箱梁的受力性能进行了对比分析,指出后张法预应力混凝土简支箱梁已在我国普通铁路、客运专线、高速铁路桥梁中获得广泛使用,而先张法预制的混凝土简支箱梁在我国的应用尚属空白,结合我国高速铁路发展的需求,对先张法混凝土箱梁的应力、刚度、剪力滞后、翘曲、支座脱空效应、局部效应等进行了分析,论证了先张法预应力箱梁在高速铁路中应用的可能性。

和民锁、马新安等对大跨径先张法折线配筋预应力混凝土简支梁预制施工技术进行了详细的阐述,包括导向装置的安装、张拉工艺和钢绞线放张的顺序,以及施工过程中应注意的问题等。

陈泳周、孟庆峰、王宪彬等还对折线先张法预应力混凝土梁施工中转向器抗拔锚桩的桩长进行了计算分析,提出抗拔桩设计中应注意的一些问题。国内其他学者也对折线先张法预应力混凝土梁从张拉工艺、张拉台座施工、计算方法及经济指标等方面进行了分析和探讨。结合青藏铁路折线先张法预应力混凝土梁的应用,徐占国、温江涛等对在高原、高寒条件下24m跨径折线先张法预应力混凝土T梁的台座施工、张拉工艺、构件养护、拆模等监理要求,以及防水层和成品梁的验收标准进行了详细的描述。24m跨径折线先张法预应力混凝土梁在青藏铁路桥中的应用是一个成功范例,为此《人民铁道》曾于2003年7月6日详细报道了由中铁一局集团桥梁建设公司承担的青藏铁路格尔木桥梁生产现场首次制作成功 24m 跨径折线先张法预应力混凝土梁的情况,指出 24m 跨径先张法折线形配筋预应力混凝土梁避免了钢筋混凝土结构的受力裂缝以及对结构耐久性能的影响,延长了混凝土对钢筋的保护年限,适应青藏铁路特殊的气候地理条件,标志着我国混凝土桥梁制作取得了新突破。

为了配合折线先张梁在公路建设中的应用,郑州大学和河南省交通科研、设计和施工单位从 2004 年开始对折线先张法预应力混凝土箱梁的受力性能及工程应用进行了较为系统的研究。如进行了跨径为 7.5m 的折线先张法预应力矩形截面梁的试验,并对折线先张法预应力矩形梁和曲线预应力后张法矩形梁的受力性能进行了比较,指出折线先张法预应力矩形梁正截面和斜截面的抗裂性能优于后张法预应力梁;对矩形截面预应力梁中钢绞线的预应力传递长度、摩擦损失以及钢绞线的力学性能进行了试验分析;还进行了 3 根 7.5m 折线先张法预应力矩形截面梁疲劳受力性能的试验,指出折线先张预应力梁的疲劳裂缝的开展较小,在规定次数(250 万次)疲劳荷载作用后受力性能仍能保良好,完全能够满足桥梁工程的要求;结合折线先张法预应力混凝土箱梁的施工,对实际工程中钢绞线预应力摩擦损失、张拉工艺等进行了监测和分析。

国内近期对折线先张法预应力混凝土梁受力性能、施工技术以及在公路、铁路桥梁中的试点应用研究,为折线先张法施工工艺在桥梁工程中的推广应用提供了重要理论依据和试验参数,奠定了良好基础。

1.2.3 折线先张梁工程应用中的瓶颈

折线先张梁通过预应力束筋线形的改变,实现对外部荷载的有效平衡,避免了后张梁预应力管道压浆不实及梁端混凝土局压应力过大等技术难题,较好地保证了预应力混凝土桥梁的耐久性,此一效益是巨大且无法估量的[21]。但在工程应用时,尚存在如下两个方面的问题。

(1)工程经济方面

曲线后张梁在建立预应力时需要大量锚具,且锚具不得循环使用;折线先张梁施工时需固定张拉台座,预应力钢束在梁中部的转向装置需要大量钢板和地锚螺栓,梁内部转向装置不能重复使用。对 35m 跨径的曲线后张与折线先张箱梁的材料用量进行了对比表明:如果忽略先、后张梁所用混凝土、钢材数量的差别,先张梁至少可较后张梁节省 5% ~7% 的预应力管道与锚具费用,但却要增加张拉台座的摊销费用,故只有当预制折线先张梁达到一定数量,使张拉台座费用得到摊销,才会有可观的经济效益。对桐柏淮河桥折线先张梁长线张拉台座的分析表明,张拉台座制作成本费用约经 50 片小箱梁才能摊销。对一条高速公路,若能局部标段集中预制构件,这种效益应该很容易达到。从经济上比较,折线先张法虽然增加了张拉台座的费用,但可减少锚具的费用,省去预留孔道、穿筋、压力灌浆等工序的材料和人工费用,并可缩短工期。工程实践已表明,当预应力构件数量超过 80～100 以后,折线先张预应力混凝土梁的总体造价低于目前应用的曲线后张法预应力梁,对于构件数量较多的公路桥梁或铁路桥梁,其经济效益是显著的。更为重要的是折线先张法预应力混凝土梁提高了桥梁的安全性和耐久性,在工作环境较差的公路、铁路桥梁,尤其是在跨海大桥、高寒地区的桥梁工程中有广阔的应用前景,经济效益和社会效益均十分明显。

(2)徐变计算模式的选定

无论公路桥还是铁路桥,预应力梁的后期变形对桥面铺装或后期运营均有较大影响。由于混凝土徐变影响因素较多且复杂,选取预应力梁桥的徐变预测模式十分重要[40-46]。

对于折线先张梁,由于钢束线形不同而引起预应力损失和预应力筋等效荷载的差异,在长期荷载作用下直接套用我国规范《公路钢筋混凝土及预应力混凝土桥涵设计规范》(JTG D62—2004)或《铁路桥涵设计基本规范》(TB 10002. 1—2005)的徐变系数计算模式来预测徐变变形的时程规律、计算徐变变形终极值或长期挠度值等指标,其精确度值得商榷。因此,研究折线形先张梁徐变计算模式,对工程应用时准确预控混凝土徐变对折线先张梁产生的影响有重要意义。

1.3 折线先张梁预应力参数

折线先张梁中的预应力筋是穿过弯起器弯折抗拉的,在预应力筋与弯起器接触处还将产生摩擦损失。由于我国现行《公路钢筋混凝土及预应力混凝土桥涵设计规范》(JTG D62—2004)中尚未列入钢绞线弯折抗拉强度以及弯起器处摩擦损失的相关参数,本节将首先结合淮河桥工程采用的拉板式弯起器进行钢绞线弯折抗拉强度及摩擦损失的试验研究,以便为折线先张梁的工程应用中的计算分析提供试验依据。

1.3.1 钢绞线弯折抗拉强度

在河南桐柏淮河桥中应用的 35m 折线先张法预应力混凝土箱梁,采用自行研制的拉板式弯起器,是由下端带销孔的钢制拉板[图 1.11a)]和焊接于拉板的导向板[图 1.11b)]组成,在导向板上规定位置钻孔并将孔边缘加工成圆弧形状,将弯起器拉板下端用钢销固定于台座模板下面的锚固槽钢上,即可通过导向板上的圆孔穿钢绞线进行斜向折线张拉[图1.11a)]。张拉完成后浇筑混凝土并养护到规定强度,放张钢绞线时将弯起器拉板下端的固定钢销顶出,即可使构件与台座分离。拉板式弯起器与辊轴式弯起器相比,具有构造简单、体积小、价格低廉,且在张拉过程中能随钢绞线位置和弯起角变化转动的优点,适合于在桥梁工程中大量应用。

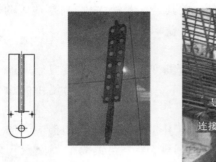

a)钢制拉板　　b)弯起器导向板　　　c)钢绞线穿过弯起器导向板施工现场实景图

图1.11　淮河公路桥采用拉板式弯起器

（1）试验方案

钢绞线弯折抗拉强度试验采用与实际工程中弯起器材质相同钢板焊接成的试验装置进行(图1.12),在试验装置两端及中部钢板上的对应位置分别钻出穿钢绞线的孔洞,通过两端及中部钢板错开孔洞的对应位置使穿过的钢绞线形成一定弯折角度,在万能试验机上进行拉伸试验,并在钢绞线上粘电阻应变片,以

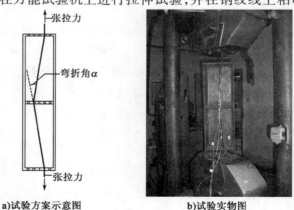

a)试验方案示意图　　　　　　b)试验实物图

图1.12　钢绞线弯折抗拉强度试验方法

量测拉伸过程中钢绞线的应变。弯折抗拉试验采用与实际工程相同的 1×7 标准型钢绞线,抗拉强度标准值 $f_{ptk} = 1\,860\,MPa$。试验共分四组:第一组直线拉伸,弯折角为 $0°$;第二组弯折角为 $6.694°$,第三组弯折角为 $10.806°$,第四组弯折角为 $12.853°$。试验结果见表 1.1。

钢绞线弯折抗拉试验参数和试验结果　　　　　　　　表 1.1

钢绞线编号	弯起角度	极限拉力 F_u （kN）	极限抗拉强度 f_{pt} （MPa）	平均值 （MPa）
ST1-1	0°	267.5	1 924.5	921.6
ST1-2	0°	266.7	1 918.7	
ST2-1	6.694°	264.9	1 905.8	1 898.8
ST2-2	6.694°	265.2	1 907.9	
ST2-3	6.694°	261.7	1 882.7	
ST3-1	10.806°	264.0	1 899.3	1 864.8
ST3-2	10.806°	254.4	1 830.2	
ST4-1	12.853°	253.3	1 822.3	1 834.5
ST4-2	12.853°	256.7	1 846.8	

（2）钢绞线弯折抗拉强度分析

试验结果表明,弯折受拉钢绞线的断裂点均在弯折点附近(图 1.13),与无弯折(直线形)受拉钢绞线相比,有弯折角度钢绞线的极限抗拉强度均有所降低,弯折角度越大,极限抗拉强度降低程度也越大。

如图 1.14 所示为弯折钢绞线实测的弯折抗拉强度 f_{pt}^* 与无弯折直线形钢绞线抗拉强度 f_{pt} 的比值(f_{pt}^*/f_{pt})随弯折角度变化的情况,可看出比值 f_{pt}^*/f_{pt} 随弯折角度的增大而减小,大致成曲线关系。

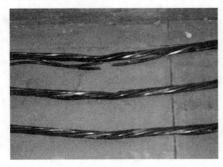

图 1.13　钢绞线弯折受拉破坏形态

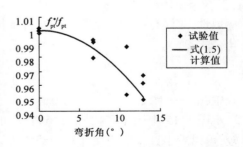

图 1.14　钢绞线弯折抗拉强度随弯折角的变化

钢绞线的弯折抗拉强度 f_{pt}^{*} 可由无弯折直线形钢绞线的抗拉强度乘以折减系数 ζ 表示：

$$f_{pt}^{*} = \zeta f_{pt} \qquad (1.4)$$

式中：ζ——与弯折角度 α 有关的弯折强度降低系数，由试验结果回归可求得：

$$\zeta = 1 - 0.000\,3\alpha^2 \qquad (1.5)$$

α——钢绞线的弯折角（°）。

图 1.14 中画出了按式（1.5）计算的弯折强度降低系数曲线，可以看出该式能较好地反映钢绞线弯折抗拉强度随弯折角增大的变化规律。表 1.2 列出了钢绞线实测弯折抗拉强度与按式（1.4）、式（1.5）计算的比值，可以看出实测弯折抗拉强度 f_{pt}^{*} 与按式（1.4）、式（1.5）的计算值 $f_{pt}^{*\,c1}$ 比较接近，比值 $f_{pt}^{*}/f_{pt}^{*\,c1}$ 的平均值 $\mu = 1.003$，变异系数 $\delta = 0.011$，计算值与试验值符合得很好。

钢绞线弯折抗拉强度试验值与计算值比较　　　　　表 1.2

项目	弯起角度	f_{pt}^{*}（MPa）	$f_{pt}^{*\,c1}$（MPa）	$f_{pt}^{*}/f_{pt}^{*\,c1}$	$f_{pt}^{*\,c2}$（MPa）	$f_{pt}^{*}/f_{pt}^{*\,c2}$
ST1-1	0°	1 924.5	1 924.5	1.000	1 924.5	1.000
ST1-2	0°	1 918.7	1 918.7	1.000	1 918.7	1.000
ST2-1	6.694°	1 905.8	1 895.8	1.005	1 857.3	1.026
ST2-2	6.694°	1 907.9	1 895.8	1.006	1 857.3	1.027
ST2-3	6.694°	1 882.7	1 895.8	0.993	1 857.3	1.014
ST3-1	10.806°	1 899.3	1 854.3	1.024	1 817.8	1.045
ST3-2	10.806°	1 830.2	1 854.3	0.987	1 817.8	1.007
ST4-1	12.853°	1 822.3	1 826.4	0.998	1 798.1	1.013
ST4-2	12.853°	1 846.8	1 826.4	1.011	1 798.1	1.027

（3）钢绞线弯折抗拉强度的取值

在淮河桥工程应用中，根据试验结果并考虑到钢绞线极限抗拉强度有一定离散性，建议在设计中钢绞线的弯折抗拉强度降低系数 ζ 采用下面偏保守的简化公式：

$$\zeta = 1 - 0.005\alpha \qquad (1.6)$$

式中：α——钢绞线弯折角（°）。

图 1.15 中画出了按式（1.6）计算的弯折强度降低系数曲线与试验值的比较，可以看出试验值均在计算曲线之上。按式（1.4）、式（1.6）计算的弯折抗拉强度 $f_{pt}^{*\,c2}$ 也列于表 1.2 中，可以看出，实测弯折抗拉强度 f_{pt}^{*} 均大于计算值 $f_{pt}^{*\,c2}$，比

值 f_{pt}^{*1}/f_{pt}^{*c2} 的平均值 $\mu=1.018$，变异系数 $\delta=0.015$，计算值与试验值符合也较好且偏于安全。

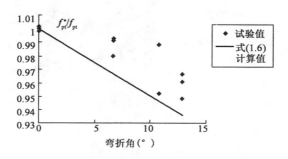

图 1.15 钢绞线弯折抗拉强度与建议公式计算值的比较

1.3.2 弯起器处钢绞线摩擦损失

（1）钢绞线弯折摩擦损失试验

为与实际工程的工况相一致，将拉板式弯起器下端锚固于台座上，钢绞线从锚固端水平穿过弯起器后保持一定的弯起角度 α 进行张拉，弯起角度 α 变化范围为 $5°\sim13°$，张拉力从 $0.1\sigma_{con}$ 逐渐增大到 $1.0\sigma_{con}$（图 1.16）。由于钢绞线是用多根钢丝扭绞形成的，为较准确地建立钢绞线应力和应变的对应关系，在钢绞线上贴电阻片后先进行直线张拉，由千斤顶的传感器量测出各级张拉力，再由张拉力和钢绞线的截面面积计算出各级张拉力下的钢绞线应力，建立钢绞线应力和应变的对应关系。然后将钢绞线穿过弯起器进行折线张拉，用电阻应变仪分别量测弯折钢绞线通过弯起器以前和通过弯起器以后钢绞线的应变值 ε_1 和 ε_2，用事先标定的钢绞线应力和应变关系曲线计算出相应的钢绞线应力值 σ_1 和 σ_2，比较 σ_1 和 σ_2 的差值，即可得到钢绞线通过弯起器后产生的摩擦损失 $\sigma_{l1}=\sigma_1-\sigma_2$。试验用钢绞线均采用与实际工程相同的 1×7 标准型，公称直径 15.2mm，公称截面面积为 $139mm^2$，抗拉强度标准值 $f_{ptk}=1\,860MPa$，张拉控制应力 $\sigma_{con}=0.75f_{ptk}=1\,395MPa$，试验方案和试验参数见表 1.3。

摩擦损失试验参数 表 1.3

项目	弯起角度	最大张大力（kN）	数量
ST1	5°	193.9	2
ST2	6°	193.9	2
ST3	9°	193.9	2
ST4	13°	116.3	2

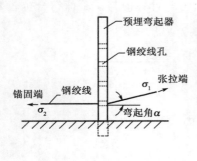 

a)试验方案　　　　　　　　　　　　　b)实现现场实景图

图1.16　摩擦损失量测方法

（2）钢绞线弯折摩擦损失分析

弯起器处钢绞线的弯折摩擦损失是折线先张法预应力混凝土梁预应力损失的重要组成部分,钢绞线在弯起器处向上弯折张拉时将受到弯起器孔壁向下的挤压力,同时在钢绞线与孔壁的接触处将产生摩阻力即弯折摩擦损失 σ_{l2}。试验结果表明,钢绞线穿过弯起器产生的摩擦损失 σ_{l2} 与钢绞线的张拉控制应力 σ_{con} 的大小以及钢绞线的弯起角度有关。摩擦损失 σ_{l2} 随着张拉控制应力 σ_{con} 和弯起角 α 的增大而增大,大致与 $\sigma_{con}\sin\alpha$ 成线性关系,如图1.17所示。

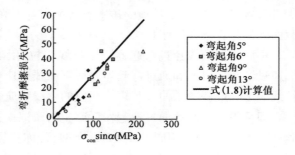

图1.17　弯折摩擦损失随 $\sigma_{con}\sin\alpha$ 的变化

根据弯折摩擦损失随 $\sigma_{con}\sin\alpha$ 变化的特点,折线张拉时钢绞线在弯起器处的受力状况可用图1.18表示,弯折摩擦损失 σ_{l2} 可按下式计算:

$$\sigma_{l2} = k \cdot \sigma_1\sin\alpha = k \cdot \sigma_{con}\sin\alpha \tag{1.7}$$

式中:k——钢绞线与弯起器接触处的摩擦系数,与钢绞线和弯起器钢板的材质和表面状况有关,可由试验结果确定。

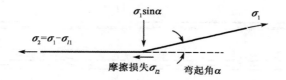

图 1.18　弯起器处钢绞线受力状况

由试验结果反算得到 k 的平均值为 0.259。考虑到试验结果有一定离散性，为保证梁的抗裂性能，弯折摩擦损失 σ_{l2} 的计算值不宜偏小，建议在淮河桥工程中采用拉板式弯起器时取 $k = 0.3$，即钢绞线弯折摩擦损失可按下式计算：

$$\sigma_{l2} = 0.3\sigma_{con}\sin\alpha \tag{1.8}$$

图 1.17 画出了按式(1.8)计算曲线与试验结果的比较，可以看出大多数试验值与计算值接近或略低于计算值，试验值与计算值比值的平均值 $\mu = 0.861$，变异系数 $\delta = 0.220$，符合较好。计算值略偏大一些，对工程应用计算摩擦损失时有一定的保证率。

在本书第 2 章折线先张梁徐变性能试验研究中 3 根折线先张梁在进行施工阶段预应力损失分析计算时，根据施工现场检测结果对式(1.8)进一步验证，表明该公式计算结果是可靠的。

1.4　折线先张梁施工

1.4.1　施工案例

1）12m 折线先张预应力混凝土试验箱梁施工

（1）箱梁的截面与钢束线形

12m 预应力箱梁截面尺寸和钢绞线布置如图 1.19 所示，共布置 5 束 1 × 7φ^{J}15.2 钢绞线（1 束直线形、4 束折线形），钢绞线公称直径 15.24mm，公称面积 139mm^2，抗拉强度标准值 $f_{ptk} = 1\,860$MPa，弹性模量 $E_p = 1.95 \times 10^5$MPa，张拉控制应力 $\sigma_{con} = 0.75f_{ptk} = 1\,395$MPa；非预应力钢筋为 HRB335 级（7φ14 + 7φ6），抗拉强度设计值 $f_y = 300$MPa，弹性模量 $E_s = 2.0 \times 10^5$MPa；混凝土等级为 C60，抗压强度设计值 $f_c = 27.5$MPa，抗拉强度设计值 $f_t = 2.04$MPa，弹性模量 $E_c = 3.60 \times 10^4$MPa。

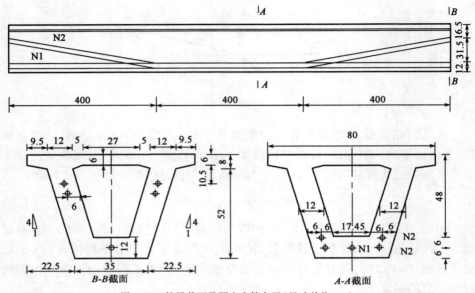

图1.19 箱梁截面及预应力筋布置(尺寸单位:cm)

（2）箱梁的制作

钢绞线张拉台座、弯起器和转向器的布置如图1.20所示。用与实际工程材

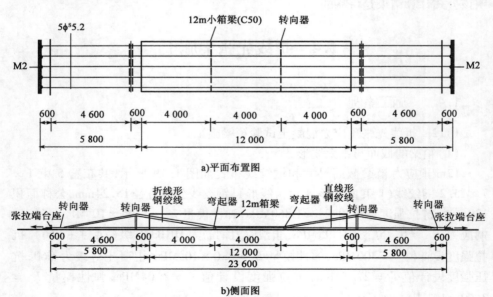

a)平面布置图

b)侧面图

图1.20 箱梁张拉台座方案(尺寸单位:mm)

质相同的钢板制作弯起器和张拉台座(图1.21),并用螺栓固定在混凝土台座上,折线形钢绞线从位于箱梁三分点处的弯起器[图1.21a)]穿过向上弯折,通过带辊轴的转向器后穿入张拉台座钢板上预留的钢绞线孔[图1.21b)],直线形钢绞线直接穿入张拉台座钢板上的钢绞线孔。根据试验研究需要,钢绞线张拉前可在钢绞线及非预应力钢筋上均贴有电阻应变片,可用于量测施工阶段(张拉、放张)和受力阶段的应变(应力)。

a)钢板弯起器　　　　　　　　　　b)锚固台座

图1.21　弯起器和锚固台座

钢绞线张拉时采用先一端锚固、另一端张拉,然后在锚固端再补张拉的方法;张拉控制应力取 $\sigma_{con} = 0.75 f_{ptk} = 1\,395\text{MPa}$,分10级张拉到位,每级张拉结束后持荷 $2 \sim 3\text{min}$,同时用CM-2B型电阻应变仪采集应变数据。如图1.22所示为张拉钢绞线时的情况。

a)钢绞线在台座上就位　　　　　　　b)安装锚具并张拉

图1.22　钢绞线的锚固和张拉

钢绞线张拉完成后即可安装模板、绑扎非预应力钢筋,然后浇筑混凝土。因12m模型箱梁尺寸相对较小,采用GRC(玻璃纤维增强水泥)薄壁筒芯作为永久性内模,箱梁浇筑后内模不再取出(图1.23)。混凝土浇筑完成后覆盖塑料布并洒水养护。当养护至混凝土强度达到要求后,可根据试验研究需要,钢绞线放张前在混凝土表面贴电阻应变片,以量测混凝土的应变。钢绞线采用千斤顶退锚放张方法,放张后用切割机将试验梁外露的钢绞线切断。

a)绑扎非预应力钢筋　　　　　　　　　　b)浇筑混凝土

图1.23　绑扎箱梁钢筋及浇筑混凝土

2)35m折线先张预应力混凝土箱梁施工

河南省驻马店至桐柏高速公路淮河桥全长385m,宽26m,分上下行双向四车道布置。全桥共采用88片35m折线先张法预应力混凝土箱梁,梁高1 824mm,顶板宽2 400mm、厚180mm,底板宽1 000mm、厚300mm,斜腹板厚180mm(端部300mm)、斜率为1:4,设计混凝土强度等级为C50。预应力筋采用1×7标准型低松弛钢绞线,公称直径为15.2mm,抗拉强度标准值f_{ptk} = 1 860MPa,张拉控制应力$\sigma_{con} = 0.75f_{ptk} = 1 395$MPa。每片箱梁底板布置直线形钢绞线18根,每腹板布置折线形钢绞线14根,弯起角为4.77°。折线先张法施加预应力时,每片梁安装4个拉板式钢制弯起器,箱梁的尺寸及钢绞线布置如图1.24所示。

箱梁用钢筋混凝土反力梁长线台座张拉,每次张拉2片箱梁,中间设有辊轴转向器。钢板底模和弯起器就位后,穿箱梁底板和腹板的钢绞线,直线形和折线形钢绞线分别锚固在台座两端的钢制张拉下横梁和上横梁上。钢绞线两端同时张拉,先用小千斤顶将钢绞线单根张拉至85%的张拉控制应力,并锚固于上、下张拉横梁上;绑扎非预应力钢筋并安装模板后,用大千斤顶推动上、下张拉横梁,使钢绞线整体张拉至100%的张拉控制应力。浇筑混凝土并养护至设计强度后,松动大千斤顶,使上、下张拉横梁整体移动放张钢绞线。图1.25为35m折线先张法预应力混凝土箱梁张拉示意图,图1.26和图1.27为张拉施工现场的照片。

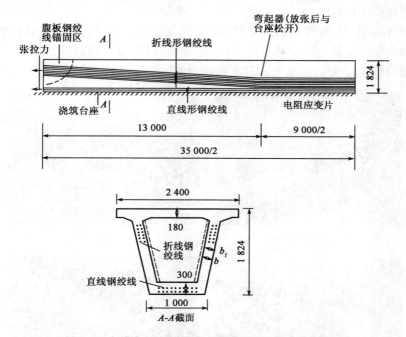

图 1.24　折线先张预应力混凝土箱梁示意图(尺寸单位:mm)

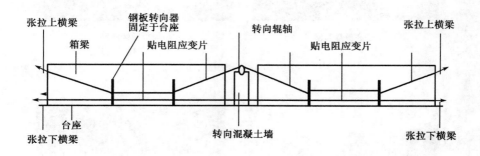

图 1.25　箱梁张拉示意图

1.4.2　折线先张梁施工工艺

(1)预应力钢绞线张拉前的准备工作

折线先张法预应力混凝土箱梁可采用钢筋混凝土反力梁长线台座张拉,每次张拉 2 片箱梁;也可采用钢结构反力梁短线台座张拉,每次张拉 1 片箱梁。采用长线台座张拉时,先要按设计要求制作、浇筑钢筋混凝土反力梁和箱梁底模,为使构件底部表面平整,通常在底模混凝土表面铺设钢板。在浇筑底模混凝土时需在安装弯起器处埋设抗拔桩,并预埋螺栓,以便固定弯起器。如图1.28所示为淮河桥工程35m折线先张箱梁张拉台座的实景照片。

a)长线台座及反力梁

b)上、下张拉横梁

c)底板弯起器

d)中间辊轴转向器

图1.26　箱梁张拉台座

图1.27　钢绞线张拉

a) 钢筋混凝土反力梁　　　　　　　　b) 底模及弯起器安装孔

图 1.28　箱梁长线张拉台座

　　张拉台座浇筑完成混凝土达到设计要求后,即可安装弯起器和上、下张拉横梁。安装弯起器时,下端的 U 形拉板通过 $\phi40mm$ 的钢轴与抗拔桩上的槽钢横梁铰接;因弯起器可纵、横向转动,张拉前需临时固定,可在弯起器的拉板顺梁轴线方向的前后两个孔内各插入一根短钢筋防止其纵向倾倒,预应力钢绞线张拉时拔出插入的钢筋。长线台座中隔墙上的转向器是固定的,为了减小摩擦系数,并避免刮伤钢绞线,可在转向器的凹槽内涂润滑剂。弯起器、中间隔墙转向器的位置如图 1.29 所示,其中靠近张拉横梁的弯起器为Ⅰ号,靠近中隔墙的弯起器为Ⅱ号,中隔墙上的转向器为Ⅲ号。

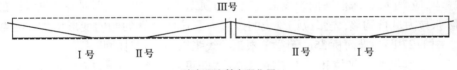

Ⅲ号

Ⅰ号　　　Ⅱ号　　　　　　　　Ⅱ号　　　Ⅰ号

a) 弯起器和转向器位置

b) 安装的弯起器　　　　　　　　c) 中隔墙转向器

图 1.29　安装弯起器和转向器

张拉横梁和支架安装的顺序为:先预埋张拉下横梁滑道,确保下横梁滑道顶面相对地面高程的正确性,然后安装下横梁及相应附件,再将支架上部结构按设计图要求对准放置并与下横梁滑道焊接,检查无误后安装张拉上横梁。安装时应注意各张拉横梁的前后面方向的正确性,安装整体张拉的大千斤顶时,应先顶出约 10mm,以便使千斤顶伸缩自如。弯起器和张拉横梁就位后即可布设钢绞线,钢绞线的下料长度应先根据设计图计算出理论长度,考虑工作长度和钢绞线下垂度的影响后确定实际下料长度。折线形钢绞线布设时可从中隔墙处向两端穿,也可从一端穿入,以施工方便为宜。如图 1.30 所示为张拉横梁和折线形钢绞线布设就位后的照片。

图 1.30 安装张拉横梁

(2)预应力钢绞线的张拉

当锚固钢绞线的张拉横梁就位后,即可进行钢绞线的张拉。采用以张拉力控制为主和伸长量校核的双控原则进行单根钢绞线的张拉,直线形钢绞线锚固于张拉下横梁上,折线形钢绞线锚固于张拉上横梁上。钢绞线一般采用两端同时张拉,先用小千斤顶分别将单根钢绞线张拉至 80% ~85% 的张拉控制应力,并锚固于上、下张拉横梁上。因单根钢绞线张拉时,后张拉的钢绞线会引起张拉横梁产生侧向变形,使先张锚固的钢绞线长度减小,应力降低,需根据钢绞线张拉顺序和预先计算的横梁变形对各根钢绞线的实际张拉力进行调整,先张拉钢绞线的拉应力要按照计算的侧向变形增加一定数值。图 1.27 即为淮河桥 35m 箱梁单根钢绞线张拉和锚固时的照片。

单根钢绞线的张拉和锚固工序完成后,即可绑扎腹板非预应力钢筋并安装箱梁的内外模板,模板就位后即可进行钢绞线的整体张拉。张拉时用大千斤顶(图 1.27)推动上、下张拉横梁,使钢绞线整体张拉至 100% 的张拉控制应力。

(3)钢绞线放张工艺要点

钢绞线整体张拉工序完成后,即可绑扎梁钢筋,然后浇筑混凝土,当混凝土强度达到设计要求后,即可进行钢绞线的放张。由于放张时梁会产生反拱,并可能向中间滑动,因此放张前要松开弯起器的直拉板与 U 形拉板之间的连接销,再用张拉横梁两端的 2 台大千斤顶放张,先放张上横梁折线形钢绞线 1/2 的应力,然后放张下横梁直线形钢绞线 1/2 的应力,随后放张上横梁折线形钢绞线剩余的 1/2 应力,最后放张下横梁直线形钢绞线剩余的 1/2 应力。钢绞线放张完成后,在无应力状态下对梁端露出过长的钢绞线用砂轮切割至梁端 50mm。

第2章 折线先张梁长期变形试验

国内外大量桥梁的建设过程和使用经验表明:混凝土收缩、徐变是桥梁下挠过大的最主要因素,严重影响桥梁的可靠性能。在桥梁建设过程中,收缩、徐变发展规律也是设计控制的重要参数及控制施工进度的关键因素。收缩、徐变及预应力松弛损失引起的时变应力、预应力筋多向布束等因素使桥梁混凝土处于复杂的应力状态,在桥梁结构徐变效应分析时仍简单套用混凝土单向轴压条件下的徐变模式是不合适的[47,48]。特别是近年来,折线配束预应力混凝土梁的工程应用日益广泛,研究配束方式改变引起的应力状态差异对折线先张梁长期变形的影响十分必要。

2.1 预应力混凝土梁长期变形研究现状

2.1.1 混凝土徐变概述

1)混凝土徐变定义及机理

混凝土徐变是指在持续应力作用下混凝土变形随时间增长的现象,与收缩变形一样,徐变是混凝土材料时随性能的重要特征之一。但徐变与应力有关,而收缩与应力无关,且徐变会导致混凝土结构的内力和变形随时间不断变化。1905 年,伍尔森(Woolson)首次发现在高轴向应力作用下混凝土有流动现象;1907 美国普渡(Purdue)大学的哈特(Hatt)在美国材料试验协会(ASTM)的会议论文集中发表文章,第一次给出了混凝土的徐变数据;1915 年麦克米伦(R. Mc-millan)进行了混凝土在加荷与不加荷时的依时性变形试验。直到 1931 年,戴维斯(Davis)等人对混凝土的徐变性能进行了系统研究之后,人们对混凝土的徐变现象才有了比较明确的认识。

我国力学专家周履指出,迄今为止,不少学者提出了各种理论和假设来阐明徐变的机理,但还没有一种是被普遍接受的。美国混凝土学会第 209 号委员会1972 年报告将混凝土徐变的主要机理表述为:

(1)在应力作用及吸附水层的润滑作用下,水泥胶凝体的滑动或剪切所产生的水泥石黏稠变形。

（2）在应力作用下,由于吸附水渗流或层间水转移而导致的紧缩。

（3）由水泥凝胶体对骨架（由集料和胶体结晶组成）弹性变形的约束作用所引起的滞后弹性变形。

（4）由于局部破裂（在应力作用下发生微裂及结晶破坏）以及重新结晶与新的联结而产生的永久变形。

将徐变理论应用于实际结构则更晚,英国内维尔（A. M. Neville）教授在1973年的著文中指出:直到20世纪40年代后期,大多数设计人员仍将徐变问题当作一个单纯的学术问题,认为徐变属于材料科学的范畴,与工程实际应用的关系不大;但是,目前（20世纪70年代,作者注）情况已完全不同,许多国家的混凝土设计规范或桥涵设计规范对混凝土徐变效应都给予了详细考虑[49-52]。

2）混凝土徐变影响因素

混凝土徐变影响因素众多,在混凝土生产过程中所涉及的各种因素都会对徐变产生影响。然而,几乎所有影响收缩、徐变的因素,连同它们所产生的结果本身就是随机变量,且变异系数最好的也要达到15%～20%[53]。结合前期科研成果,可将混凝土徐变影响因素分为四个方面:材料因素、混凝土施工工艺、结构的几何尺寸、荷载条件与应力状态[49-52]。

（1）混凝土的原材料及其组分。

混凝土的原材料及其组分,主要指水泥品种、粗集料岩石性能、混凝土水灰比、外加剂品种及其掺量,以及各种成分所占比例等。

水泥品种对混凝土徐变的影响在于混凝土龄期对其强度的影响。当混凝土的应力因素、加载龄期及其他条件相同时,使用混凝土强度增长相对较快的水泥会使混凝土的徐变相对较小。譬如由早强水泥、普通水泥及低热水泥制造的混凝土,三者对混凝土徐变性能的影响依次递增。

混凝土中的粗集料一般不会发生收缩、徐变,或其收缩、徐变很小,因此对水泥石的变形有很好的约束作用,且粗集料的含量和岩石性能决定了约束程度的大小。研究表明:粗集料占混凝土体积的百分比由60%增加至75%,其徐变变形可降低50%左右。集料自身的空隙率、弹性模量、吸水性能、压缩性能等均对混凝土徐变产生影响。集料弹性模量越大,混凝土的徐变值就越小。

混凝土水灰比亦会对徐变产生影响。研究表明:在应力条件相同的情况下,混凝土徐变与水灰比呈线性关系,水灰比愈低,则徐变亦愈低。外加剂的品种和掺量对混凝土,尤其是对轻集料混凝土的徐变性能有着较大影响。在诸多文献中,对标准条件下混凝土徐变系数终值选取时,是否掺加早强减水剂是考虑的重要因素之一。

（2）混凝土施工工艺及结构几何尺寸。

混凝土施工工艺主要指搅拌，与振捣状况、养护条件、构件的工作环境、构件体积及形状、构件与空气接触的表面积大小等有关。

混凝土结构施工过程中，振捣可使水泥浆强度增加，从而减少混凝土徐变。但过度振捣会使混凝土产生离析，使混凝土内部出现残存空隙；振捣不足将导致混凝土强度下降，残存空隙率增加，会加大混凝土徐变。故振捣过程及振捣质量对徐变影响较大。

养护条件和构件工作环境是指对构件开始养护的时间、养护及使用环境的温、湿度情况等。温、湿度直接影响水泥的水化速度和水化程度，水化程度愈高，混凝土强度和弹性模量也愈高，徐变变形则愈低。环境温、湿度亦能影响混凝土与空气之间的水分转移，从而进一步影响加载时混凝土的含水状态。当养护温度非常高（如蒸汽养护情况时），胶凝体结构将发生改变，从而减小混凝土徐变。

构件尺寸主要影响混凝土的干缩徐变。在混凝土干缩过程中，水分转移相当显著，当其与周围环境湿度达到平衡后，构件尺寸对徐变的影响将会消失。

（3）荷载条件与应力状态。

荷载条件与应力状态主要包括加荷时混凝土龄期、荷载持续时间及混凝土应力状况等。

徐变值随混凝土加载龄期的增长而减小。早龄期加载的混凝土，其水泥水化过程正在进行，且混凝土的强度很低，故初期徐变增长较快。随着龄期的增长，水泥水化趋于完成，强度也随之持续提高，混凝土徐变较小。混凝土徐变可以继续很长时间，随着持荷时间的增长，混凝土徐变变形也在不断增加，但徐变速率逐渐降低。

对处于单向轴压条件下的普通混凝土，当作用于混凝土的常值应力小于混凝土抗压强度的 0.4 ~ 0.5 倍时，徐变与应力值之间符合线性关系；超过这一应力值，应力与变形间呈非线性关系，徐变变形将显著增加。对于一定的应力强度比，只要"应力/强度"值相同，不管应力和强度如何改变，混凝土徐变基本相同[49]。

但对于处于多向轴压及弯、剪、压复合应力状态下的混凝土，其徐变性能与单向轴压条件下的徐变性能存在较大差异，后续章节将详细阐述。

3）混凝土徐变对结构性能的影响

混凝土在长期应力作用下的徐变变形往往是其初始弹性变形的 1 ~ 4 倍。徐变效应对结构的影响，既有不利的方面，也有有利的方面；甚至对同一结构的一部分有利，而对另一部分不利。如在大型预应力混凝土连续梁或大体积混凝土结构中,徐变能降低混凝土的温度应力和收缩应力,减少收缩裂缝;在构件的应力集中区域,或因基础不均匀沉降引起的局部应力构件中,徐变又能消减应力峰值;这些都是徐变对结构的有利影响。

然而,徐变使预应力混凝土结构产生了预应力损失,在大跨径梁和楼板中,徐变增加了梁板的挠度。特别是在预应力混凝土铁路桥或公路桥中,混凝土徐变会增加桥梁的反拱或下挠值,造成桥面线形改变而使行车困难。这些都是徐变的不利影响,故在预应力混凝土桥梁结构中,精确预控长期变形等徐变效应,对提高桥梁结构的可靠性是有益的[53-55]。

2.1.2 预应力混凝土梁长期变形的影响因素

预应力混凝土桥梁以其良好的结构性能和优美的外形在世界各地得到了广泛的应用。但目前大量的工程实例表明,大跨预应力混凝土桥梁的长期变形已经远远超出了设计的预期,影响到桥梁的使用寿命和行车舒适性。以大跨径桥梁为例,混凝土徐变对其性能的影响是严重的,不少学者从理论和实践出发,对预应力混凝土桥梁长期变形的成因进行了深入的探讨和分析。如欧洲 CEB 委员会调查了 27 座混凝土桥梁的变形数据,表明有些桥梁在建造完成后 8 ~ 10 年内变形仍有明显增长且数值较大。美国的 Parrotts 渡桥在使用 12 年后,主跨跨中下挠约 635mm,大大超过预期。西太平洋帕劳共和国 Koror-Babeldaob 桥,建成后由于混凝土徐变使其跨中下挠多达 1.2m,后加铺桥面板又进一步加剧了徐变,加固修补 3 个月后桥梁倒塌。

在国内,三门峡黄河公路大桥、广东虎门大桥辅航道桥、黄石长江大桥等,在运营期间都出现了跨中挠度增加过大的问题,且在持续下挠过程中伴随出现大量斜裂缝及垂直裂缝,导致桥梁结构不得不加固处理,严重影响桥梁的正常运营[48,56-58]。当前,对新建设计速度 300 ~ 350km/h 客运专线的预应力混凝土桥梁,轨道铺设后,无砟桥面梁的徐变上拱值不应大于 10mm[59];如若桥梁后期徐变变形超出无砟轨道扣件的调节范围,将对桥上线路平顺性造成严重危害,甚至可导致轨道扣件破坏失效,对列车行车安全造成巨大隐患[60-62]。

科研工作者对桥梁长期挠度超过设计预期的原因及其影响进行了调查分析,主要结论可归纳如下[47-49,56-58,60-63]:

(1)对混凝土徐变规律认识不足,尤其是近年来高性能混凝土在桥梁结构中广泛应用,传统意义上混凝土徐变计算模型不合适,施工期间桥面板短龄期混凝土在循环荷载作用下,混凝土单轴徐变规律的适用性存疑。

(2)桥梁混凝土的应力状态更加复杂,设计时未充分考虑预应力筋多向布束等因素使结构应力复杂化对混凝土徐变性能的影响,且预应力筋张拉不足,预应力松弛损失和收缩徐变引起的预应力损失估计值偏小。

（3）桥梁长期变形设计计算方法有缺陷,对长期剪切应力引起的徐变挠度考虑不足。有些研究结果表明,按是否考虑剪切徐变挠度进行试算,剪切徐变挠度占长期挠度的9%~33%。而且,剪力值与弯矩引起的长期挠度效应,变化规律尚有差异,但尚未被人们认识清楚。

（4）桥梁长期挠度过大引起的混凝土开裂导致梁体刚度退化,引发了预应力损失与混凝土徐变的耦合效应。研究表明,时变应力及与收缩徐变耦合效应引起的挠度值占长期挠度值的8.2%以上,且随时间增长而增加[47]。

上述工程实践及分析表明,混凝土徐变降低了桥梁结构的长期性能,而对不同应力状态下混凝土徐变性能的差异性考虑不足是影响桥梁结构徐变效应预测精度的重要因素之一。在工程应用中,折线先张梁与普通曲线梁相比,折线配束改变了桥梁混凝土应力状态,预应力使混凝土处于弯剪压复合应力作用之下,开展折线先张梁徐变性能研究,对该类桥梁在公路、铁路中推广应用是必要的。

2.1.3 预应力混凝土梁长期变形研究亟待解决的难题

混凝土徐变及其对结构性能影响的预估和控制,是十分复杂而又难以获得精确解的问题。1982年,美国ACI209委员会在报告中指出:徐变问题包含了相当数量的不确定因素,几乎所有影响收缩、徐变的因素以及它们所产生的结果本身都是随机变量,它们的变异系数最好也要达到15%~20%。应力状态差异导致在徐变计算时应用线性叠加原理亦会产生较大偏差。因此,对于一些比较重要的工程结构,应该通过实物量测或模型试验的方法来修正徐变计算模式中的相关参数,以提高计算结果接近实际的程度。

在当前的徐变计算模式中,徐变系数表达式大多是对混凝土构件施加持续的轴向压力的试验,通过对构件徐变变形数据进行数学处理,进而获取徐变系数时程规律表达式。不同应力状态下的混凝土徐变性能不尽相同。对于混凝土处于压、弯、剪等复合受力状态的预应力梁,其徐变性能的研究尚存在三个问题:一是预应力混凝土梁徐变挠度影响因素的量化;二是预应力梁徐变系数、徐变挠度系数及长期挠度系数三个系数间的数值关系在工程实践中的差异性甄别[12,47];三是考虑折线配束对混凝土应力状态的影响,折线先张梁的梁挠曲徐变变形模式尚待进一步建立。

1）徐变挠度的影响因素

对梁类构件而言,徐变变形指截面的徐变应变、徐变挠度及徐变曲率等。研究表明,除了影响混凝土徐变的诸因素会对预应力梁徐变挠度产生影响外,尚有其他因素会对预应力梁徐变挠度产生不同程度的影响,主要包括以下几个方面:

(1)预应力度

预应力度是预应力梁预应力水平的量化指标之一。它既反映了预应力束产生的等效荷载与使用荷载间的数值关系,又反映了预应力梁上、下边缘的应力状况。部分文献研究表明,预应力梁上、下边缘的应力差值会对徐变变形产生影响[64]。预应力度值对梁的徐变挠度系数与徐变系数的数值关系影响较大,对全预应力梁,徐变挠度系数大于徐变系数;对部分预应力梁,徐变挠度系数小于徐变系数[65]。

(2)纵向非预应力筋配筋率

预应力混凝土梁在长期荷载作用下,钢筋和混凝土均会有不同程度的徐变。混凝土徐变较大,而钢筋徐变(蠕变)较小,因此在钢筋与混凝土之间将会产生内力重分布,钢筋对混凝土变形有约束作用[66]。另外,预应力梁上、下边缘的非预应力纵筋数量不一致,混凝土徐变变形受到的约束亦会不同,上、下边缘混凝土徐变应变的差异,将引起梁截面曲率的改变,进而使徐变挠度增加。

(3)截面的几何性质

预应力梁截面换算面积 A_0 及其截面抗弯模量 W 不仅会对构件短期变形产生影响,研究表明,A_0 及 W 数值还会影响徐变挠度系数与徐变系数间的数值关系,实则对徐变挠度产生影响。对于采用同样材性混凝土的预应力梁,在徐变系数确定的情况下,截面几何性质对徐变挠度有一定程度的影响,即截面抗弯模量越大,徐变挠度相对较小;截面换算面积越大,则徐变挠度相对较大。

(4)梁两端约束状况

预应力梁两端的约束状况对徐变挠度影响较大。在长期荷载作用下,徐变会引起超静定梁的内力重分布,进而产生徐变次内力;而截面应力值的改变又会对梁徐变变形产生影响,并引发两者的耦合效应。

2)徐变系数、徐变挠度系数及长期挠度系数间的数值关系

规范给定的徐变系数主要反映了混凝土徐变应变时程规律,对预应力混凝土梁徐变变形,人们最关心的是长期挠度或反拱。在混凝土徐变系数已知的前提下,不同规范或文献计算的徐变挠度或长期挠度亦不相同[67-71],如我国的《混凝土结构设计规范》(GB 50010—2002)、《公路钢筋混凝土及预应力混凝土桥涵设计规范》(JTG D62—2004)、美国混凝土协会标准[ACI209R(92)]及美国国家公路与运输协会标准(AASHTO)模式等徐变系数计算模式,在徐变系数相同的情况下,对相同预应力梁计算的长期挠度值差异较大。

作者前期研究表明,预应力混凝土梁徐变挠度系数与徐变系数两者并不等同,而是与预应力度等因素有关。由于长期挠度是由混凝土收缩和徐变共同引起的,将徐变挠度系数与长期挠度系数同等会使长期挠度计算值偏小。简单地将徐变系数等同为徐变挠度系数,或将长期挠度系数等同于徐变挠度系数,均会给预应力梁长期挠度的计算带来误差。关于预应力混凝土梁长期变形表征参数间的数值关系,本书将在第8章进行详细阐述。

2.2　试验梁设计与制作

2.2.1　截面及线形设计

本次试验制作了三根折线先张梁 XPB1、XPB2、XPB3 和一根抛物线后张梁 HPB1,四片试验梁的几何尺寸均为 $200\text{mm} \times 400\text{mm} \times 7500\text{mm}$,截面及配筋如图2.1所示。

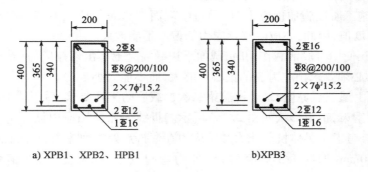

a) XPB1、XPB2、HPB1　　　　　　　　b)XPB3

图2.1　试验梁截面图

预应力钢绞线和非预应力筋的保护层厚度分别为50mm 和25mm,混凝土设计强度为 C50。预应力钢绞线为 $\phi^j15.2(1 \times 7)$ 钢绞线,公称截面面积139mm²,松弛级别为 II 级,强度标准值为 $f_{pyk} = 1\,860\text{MPa}$,伸长率为4.5%,弹性模量 $E_p = 1.95 \times 10^5\,\text{N/mm}^2$。试验梁的非预应力筋与箍筋均采用 HRB500MPa 级钢筋,钢筋的材料性能测试结果如表2.1所示。

HRB500MPa 钢筋的设计强度取 $f_y = 435\text{MPa}$、$f'_y = 410\text{MPa}$[67]。为了剔除混凝土收缩及温度变化对试验梁混凝土应变测值的影响,试验梁施工的同时还制作了两根长度为0.8m 应变补偿小梁 SHB1、SHB2,补偿小梁除未配置预应力筋外,截面尺寸、非预应力筋配置及混凝土设计强度等均与试验梁相同。

HRB 500 钢筋材料力学性能参数   表2.1

钢筋直径 （mm）	实测屈服强度 f_y （MPa）	实测抗拉强度 σ_b （MPa）	断口伸长率	均匀伸长率	试件数量
8	545.3	714.7	$\delta_{10}=24.9\%$	$\delta_{gt}=10.4\%$	3
12	531.4	665.1	$\delta_{5}=27.7\%$	$\delta_{gt}=14.9\%$	3
16	511.3	679.6	$\delta_{5}=24.9\%$	$\delta_{gt}=16.7\%$	3

注：1. $d=8$mm 钢筋因直径较细，其断口伸长率量测标距取 $10d$；$d=12$mm 、16mm 钢筋断口伸长率量测标距取 $5d$[72,73]。

2. 表中所列 f_y、σ_b、δ_{10}、δ_5、δ_{gt} 的数值为试验结果平均值。

预应力梁钢束线形设计时，应综合考虑构件的几何尺寸、材料性能、使用荷载及梁端的约束状况。依据等效荷载理论，预应力梁桥钢束线形应遵循下列原则[74,75]：

（1）为了使截面具有最大极限抗弯强度，预应力筋应力求具有最大偏心，故应使预应力筋重心距截面中性轴较远。

（2）施工阶段施加预应力时，梁跨中截面上边缘的拉应力值不得超过混凝土抗拉强度值，因此，亦应限制预应力筋偏心不能太大。

（3）在使用阶段活载作用时，截面下边缘混凝土不出现拉应力（或受限制的拉应力），必须要求预应力筋的偏心足够大，而不能太小。

根据上述三点原则，结合试验梁二次加载后的实际要求，后张梁 HPB1 采用抛物线形钢束，钢束形状如图 2.2a）所示。折线先张梁预应力筋弯折点位置的确定，综合考虑了梁体抗剪能力和预应力在弯折点处的摩擦损失等因素，在距梁两端 2 450mm（即约 1/3 梁跨位置）处为弯起点，起弯角度约 6°，钢束线形如图 2.2b）所示。

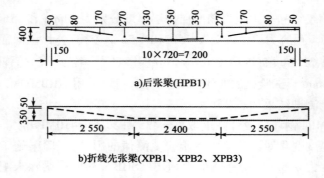

a）后张梁(HPB1)

b）折线先张梁(XPB1、XPB2、XPB3)

图 2.2　试验梁钢绞线线形图（尺寸单位：mm）

2.2.2　台座设计与施工

折线先张试验梁台座采用35m长线台座,长线台座施工工艺简单,操作方便,具有足够的强度、刚度和稳定性。采用长线台座可以减少张拉和锚固工作量,同时也可以减少因预应力钢绞线在锚具中的滑移及横向的变形所造成的预应力损失。台座设计时主体结构采用可拆卸的钢板结构,其加工方便,且可以重复使用,具体台座如图2.3~图2.7所示。该试验的施工场地选在校内的预制构件场,由于场地水泥地坪只有200~300mm厚,所以在所有地锚螺栓处都采用C20混凝土加强层,先开挖出沟槽,然后浇筑混凝土。同时按照施工图的位置将地锚螺栓插入混凝土台座基础中,最后振捣密实,洒水养护。按照图2.4和图2.5制作加工钢板,将所有钢板拼接并加三角形钢板支撑,然后用地锚螺栓将钢板固定。

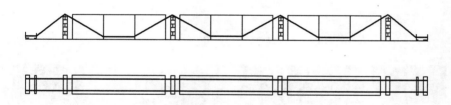

图2.3　折线先张梁长线台座示意图

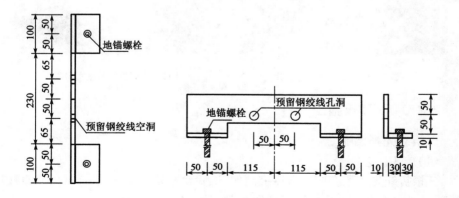

图2.4　梁内钢绞线弯起装置钢板台座图(尺寸单位:cm)

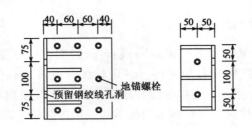

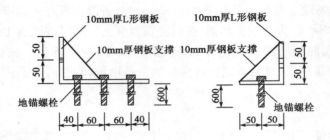

图2.5 张拉端钢板台座图(尺寸单位:cm)

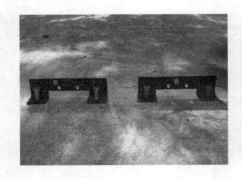

图2.6 转向装置台座实物图

图2.7 张拉端台座实物图

2.2.3 试验梁施工

1)折线先张梁施工

（1）施工工艺

三根折线先张梁在同一台座上制作，试验台座处场地平整度较好，故直接用地面作为底模，并在地面涂刷一道隔离剂，具体施工工艺如下：

①制作、绑扎非预应力钢筋骨架，并在四片梁跨中底部非预应力纵筋上粘贴应变片，将钢筋骨架就位。为了提高试验梁端部锚固区混凝土的抗压能力，制作

非预应力筋骨架时,在梁两端400mm范围内原有箍筋的基础上增设了 φ6@200 钢筋网片,网格尺寸为 100mm × 100mm。

②穿预应力钢绞线。预应力钢绞线下料长度为38m,两端用锚环和夹片固定。钢绞线弯起部位用工字形钢梁和预先制作好的混凝土台座抬高。在钢绞线就位之前,绑扎好非预应力钢筋,钢筋笼绑扎时从转向装置的钢板台座下方穿过。钢绞线从一端向另一端穿入,转向部位穿过转向装置的钢绞线预留孔洞。

③在钢绞线相应位置上粘贴应变片,并安装梁两侧模板;折线先张梁钢绞线张拉;张拉完成后安装端部模板,而后浇筑混凝土。应变片粘贴位置如图2.8所示。

④建立预应力。折线先张梁钢绞线放张,张拉同时做好应力监测。

折线先张梁钢绞线贴片,弯起器,长线台座转向器施工如图2.9所示。

图2.8　折线梁钢绞线电阻应变片位置图(圆点)

a)钢筋贴片

b)弯起器就位固定

c)长线台座端部转向装置

d)中间处钢绞线转向装置

图2.9　折线先张梁钢绞线贴片、弯起器、长线台座转向器施工组图

（2）建立预应力与浇筑混凝土

折线先张梁张拉台座上有两束钢绞线。按构件预应力筋的布置,由北向南依次张拉。预应力钢绞线张拉时,用前置穿心式千斤顶对每根钢绞线施加（10% ~20%）σ_{con} 的初始应力,其中取 σ_{con} 为 $0.75f_{pyk}$,即 1 395MPa。每 $0.1\sigma_{con}$ 为一级,直至 $1.03\sigma_{con}$,每级持荷 3min,同时用静态电阻应变仪对钢绞线进行应变监测。施工过程中,采用一端张拉、另一端补张拉的方法。张拉油泵为 ZB 2 × 2/50 型,采用精度等级为 1.6 的配套压力表,张拉时采用型号为 YDT-1000 的小型千斤顶。根据千斤顶和油泵配套校验得出张拉力与油泵压力值间的数值关系,由油泵压力表读数初控钢绞线的张拉应力值[76]。折线先张梁张拉台座较长,钢绞线伸长值较大,当前国内生产的千斤顶,张拉缸行程均不足 200mm,因此,预应力筋的张拉需要千斤顶张拉缸几次外伸才能完成。当预应力筋张拉应力达到 $1.03\sigma_{con}$ 时,关闭油泵,停顿 3 ~5min;而后若油泵的压力表读数和要求一致,即可将预应力筋锚固。若油泵压力表压力下降,则应开启油泵,补足千斤顶的张拉缸油压,再行锚固预应力筋。折线先张梁钢绞线张拉后应力监测 24h 浇筑混凝土,而后继续监测 24h。混凝土为商品混凝土,坍落度为 180 ~200mm,保水性能良好,配合比如表 2.2 所示。

C50 级混凝土配合比   表 2.2

使用材料	水泥	砂	石子	水	粉煤灰	减水剂
用量（kg/m³）	460	590	1 064	185	115	10.4

混凝土振捣时,振动棒应避免碰触钢绞线,同时应注意梁侧模位置是否错动、模板拼缝间是否出现漏浆现象等。混凝土浇筑振捣时间以混凝土停止下沉、不再出现气泡、表面泛浆为准。在混凝土浇筑完毕后 8h 开始养护,并连续养护 7d,然后拆除侧模。本次试验梁放张时混凝土龄期为 28d,预应力建立时混凝土实测强度及弹性模量值如表 2.3 所示。

建立预应力时试验梁混凝土性能参数值   表 2.3

梁编号	XPB1	XPB2	XPB3	HPB1
f_{cu}^{0}（MPa）	52.1	47.9	52.2	49.7
弹性模量（×10⁴MPa）	3.49	3.42	3.49	3.45

注:f_{cu}^{0} 为实测值;弹性模量采用 GB 50010—2010 中公式计算。

折线先张梁钢绞线张拉与混凝土浇筑如图 2.10 所示。

2）后张梁施工

后张梁 HPB1 构件制作较折线先张梁简单,按照试验梁设计要求,钢筋绑扎、支模板、混凝土浇筑及养护都由专业施工人员完成,施工制作相关图片如

图 2.11 所示。具体制作工序如下:首先在钢绞线、非预应力筋上需要测量应变处贴电阻应变片,以量测构件张拉阶段的应变(应力);然后绑扎钢筋骨架、支模板及浇筑混凝土,同时兼顾贴好的电阻应变片,并整理其引出导线,以确保后期量测应变值的准确性。浇筑混凝土完毕后在现场进行养护,待混凝土强度达到设计强度要求,然后进行预应力钢绞线张拉,预应力钢绞线采用一端锚固、另一端张拉的方法,张拉控制应力 $\sigma_{con} = 0.75 f_{ptk} = 1\ 395\text{N/mm}^2$。试验中钢绞线张拉应力为 $0.9\sigma_{con}$。张拉时用到仪器有 ZB 2 × 2/50 型油泵配套压力表,精度等级为 1.6,千斤顶为 YD T—1000 型小型千斤顶。

图 2.10　折线先张梁钢绞线张拉与混凝土浇筑组图

a)钢绞线预留孔道及模板　　　　　　　　b)管道灌浆

图 2.11　后张梁 HPB1 的施工制作

　　预应力钢绞线张拉完成 12h 后对管道进行压力灌浆,从管道一端的第一灌浆孔开始灌注,排气孔槽必须在稀浆流尽并流出足量的浓浆时用木塞堵住,直至管道另一端的最后一个灌浆孔喷出水泥浆为止。灌浆完成后对钢绞线及混凝土的应变进行 48h 持续监控。

2.3　施工阶段预应力监测

2.3.1　钢绞线应力应变监测

钢绞线作为多根绞钢丝的综合受力体,不同于单根受力钢筋。预应力钢绞线在受到拉伸时,各根钢丝相互影响,芯丝和周围钢丝的应变分布规律并不完全相同,沿外层螺旋钢丝轴线方向的应变小于钢绞线轴线方向的应变[77]。当测量钢绞线某一点的应变时,将电阻应变片沿外部钢丝轴线方向粘贴,即可得到某一截面的应变值。

为了定量测定钢绞线受力情况,在每根钢绞线的三个代表性截面上粘贴型号为 S2120-10AA 型丝式纸基电阻应变片,电阻值 119.5Ω(1 ±0.2%),灵敏系数 2.097(1 ±0.57%),规格为 10mm×3mm。在外围钢丝两个相对的钢丝轴线方向分别粘贴,每个截面的应变值取两应变片所测定应变的平均值[76]。后张梁粘贴应变片的位置分别取跨中和两端位置的钢绞线截面;折线先张梁钢绞线取转向器所分的 3 个截面位置及台座两端,如图 2.8 所示。

对试验梁钢绞线应变的监测数据分析表明:钢绞线应变值与其承受的拉应力之间存在着良好的线性关系,但应力与应变的比值并不等于钢绞线的弹性模量,而与钢绞线张拉长度、钢绞线张拉控制应力的大小等因素有关[78]。前期研究成果亦表明,在预应力混凝土结构试验中,若采用贴电阻应变片的方法来量测钢绞线的应力状态,应对测试结果予以修正[17]。本试验通过对梁端测点的应变值与钢绞线实测拉应力值之间的对应关系进行分析,得出了钢绞线张拉时所测定应力与应变间的数值关系式,如图 2.12 所示。

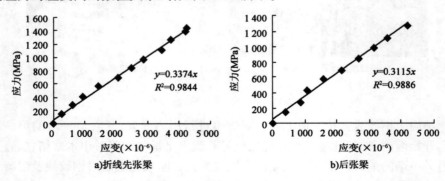

a)折线先张梁　　　　　　　b)后张梁

图 2.12　试验梁钢绞线应力—应变拟合曲线图

2.3.2　试验梁施工阶段各项预应力损失计算分析

预应力混凝土构件在施工及使用过程中,预应力钢束的拉应力值不断降低的现象称之为预应力损失。预应力损失按影响因素分项计算,然后再分阶段分批组合。根据预应力损失发生的时间,可将预应力损失分为两批:混凝土受预压之前的损失称之为第一批损失 σ_{lI};混凝土受预压之后的损失称之为第二批损失 σ_{lII}。预应力损失对构件的极限承载能力影响不大,但影响构件正常使用性能。在正常使用荷载作用下,准确地预估预应力损失对构件运营期间的反拱值或开裂情况有很大影响。对于本试验,准确的有效预应力值还对试验梁二次加载后预应力度值的计算有较大影响。

本书研究的试验梁施工阶段各项预应力损失就是指第一批损失 σ_{lI}。

第一批预应力损失的影响因素很多,我国现行《公路钢筋混凝土及预应力混凝土桥涵设计规范》(JTG D62—2004)和《混凝土结构设计规范》(GB 50010—2010)对其中某些项损失提供了计算公式。本试验中,折线先张梁根据试验监测的钢绞线应变变化值,结合由试验数据拟合的钢绞线应力—应变公式,得到试验梁施工期间的各项预应力损失实测值。后张梁 HPB1 由于试验样本个数太少,各项预应力损失参照规范 JTG D62—2004 的规定计算。

试验梁施工阶段预应力损失计算如下:

(1)预应力筋与转向装置处(后张梁为预应力筋与管道壁之间)摩擦损失 σ_{l1}

郑州大学刘立新教授科研团队根据对大量试验数据进行数学回归分析的结果,建议在实际工程应用时,折线先张梁钢绞线在弯起器处摩擦损失按式(2.1)计算[17]:

$$\sigma_{l1} = 0.3\sigma_{con}\sin\alpha \tag{2.1}$$

式中:0.3——由试验结果确定的回归系数;

σ_{con}——预应力钢绞线锚下时的有效张拉控制应力;

α——钢绞线弯起角度,本试验中折线先张梁的 α 约为6°。

三片折线先张梁在同一长线台座上张拉,钢绞线在经过多道转向器时分别产生了预应力损失,故三片折线梁的有效张拉控制应力不同。对折线先张梁钢绞线在张拉后连续监测48h,实测的应变变化值代入钢绞线应力—应变公式(图2.12)计算得到实测的摩擦损失[76],如表2.4所示。对本试验中后张梁 HPB1,由于试验样本数量少,预应力筋与管道壁之间摩擦损失 σ_{l1} 在试验过程中测定的结果代表性较差,本节套用公式(2.2)进行计算[68]。计算结果如表 2.4 所示。

$$\sigma_{l1} = \sigma_{con}\left[1 - e^{-(\mu\theta + kx)}\right] \tag{2.2}$$

式中:μ——预应力束与孔道壁之间的摩擦系数,对 HPB1 取 $\mu = 0.15$;

$\quad\quad\theta$——张拉端与计算截面曲线孔道切线的夹角(rad),对 HPB1 取 $\theta = 0.316$;

$\quad\quad k$——考虑孔道每米长度局部偏差的摩擦系数,对 HPB1 取 $k = 0.0015$;

$\quad\quad x$——张拉端至计算截面的孔道长度(m),可近似取孔道在纵轴上投影长度。

(2)锚具变形、钢筋回缩和接缝压缩损失 σ_{l2}

对折线先张梁 σ_{l2} 的实测值,是在张拉台座两端相应位置上布设千分表,由千分表实测台座两端的变形值。规范规定预应力筋由于锚具变形和钢筋内缩引起预应力损失按照下式计算:

$$\sigma_{l2} = \frac{\sum \Delta l}{l} E_p \tag{2.3}$$

式中:Δl——张拉锚具变形、钢筋回缩和接缝压缩值(mm),本试验 Δl 实测值为 4.69mm,规范 JTG D62—2004 中规定 Δl 取为 4mm;

$\quad\quad l$——张拉端至锚固端钢绞线的长度(mm);

$\quad\quad E_p$——钢绞线的弹性模量,取 $E_p = 1.95 \times 10^5$ MPa。

对于梁 HPB1,钢绞线是抛物线形式,需要考虑预应力钢束与孔道壁间反向摩擦的影响。本文采用规范 JTG D62—2004 中附录 D 的规定,后张法预应力混凝土受弯构件应计算由锚具变形、钢筋回缩等引起的反向摩擦造成的预应力损失;反向摩擦损失计算时钢绞线与管道的摩擦系数假定与正向摩擦相同,并可进行简化计算。

(3)张拉台座与预应力钢束之间的温差引起预应力损失 σ_{l3}

构件采用先张法施工工艺时,为了缩短生产周期,通常在浇筑混凝土后采用蒸汽养护。在升温过程中,预应力钢筋与台座之间存在温差 Δt,此时固定在台座上的预应力钢筋受热伸长将导致应力降低而损失,可按下式计算:

$$\sigma_{l3} = 2\Delta t \tag{2.4}$$

本次试验中未用蒸汽养护,该项损失为零。

(4)混凝土弹性压缩损失 σ_{l4}

混凝土弹性压缩损失 σ_{l4} 的实测值,是在梁端部预应力传递长度区域内沿钢绞线方向的混凝土表面上粘贴应变片花,测定混凝土压缩应变,由于钢绞线和混凝土变形协调,即可将实测的应变值代入钢绞线相应的应力—应变拟合公式中计算确定。对试验梁混凝土弹性压缩引起的 σ_{l4} 的计算,可采用 JTG D62—2004 附录 E 中的简化计算方法,按下式进行:

$$\sigma_{l4} = \alpha_{Ep} \cdot \Delta\sigma_{pc} \qquad (2.5)$$

式中:α_{Ep}——预应力钢绞线弹性模量与放张时混凝土弹性模量的比值;

$\Delta\sigma_{pc}$——指在计算截面全部钢筋重心处,张拉(或放张)两束预应力钢筋产生的混凝土法向应力的平均值。

(5)钢绞线应力松弛引起的预应力损失 σ_{l5}

为了降低折线先张梁的钢绞线应力松弛引起的预应力损失,张拉时采用了超张拉,张拉应力为 $1.03\sigma_{con}$;后张梁 HPB1 由于局压应力的限制,张拉应力是 $0.9\sigma_{con}$。试验梁应力松弛损失值,根据式(2.6)进行计算:

$$\sigma_{l5} = \Psi \cdot \zeta \left(0.52\frac{\sigma_{pe}}{f_{pyk}} - 0.26\right)\sigma_{pe} \qquad (2.6)$$

式中:Ψ——张拉系数,折线梁取 0.9,HPB1 取 1.0;

ζ——钢筋松弛系数,本试验梁采用的均是低松弛钢绞线,取 $\zeta = 0.3$;

σ_{pe}——传力锚固时的有效应力值,根据 JTG D62—2004 的规定,对先张梁,$\sigma_{pe} = \sigma_{con} - \sigma_{l2}$;对后张梁,$\sigma_{pe} = \sigma_{con} - \sigma_{l1} - \sigma_{l2} - \sigma_{l4}$;但对于本试验中的折线梁 σ_{pe} 的计算,由于折线梁在转向装置处存在摩擦损失,σ_{pe} 中应包含 σ_{l1},即 $\sigma_{pe} = \sigma_{con} - \sigma_{l1} - \sigma_{l2}$。

预应力筋松弛损失等各项损失的实测值与计算值如表 2.4 所示。

施工阶段各项预应力损失值分析　　　　　　　　　表 2.4

预应力损失的类别		σ_{l1}	σ_{l2}	σ_{l4}	σ_{l5}	σ_{lI}	②/①(σ_{lI})
XPB1	①实测值	74.01	26.14	34.45	30.62	149.91	1.17
	②JTG D62—2004 值	89.80*	22.29	46.4	32.9	174.94	
XPB2	①实测值	66.70	26.14	33.97	21.45	137.54	1.18
	②JTG D62—2004 值	85.40*	22.3	44.4	23.5	163.85	
XPB3	①实测值	67.40	26.14	33.8	33.2	143.94	1.21
	②JTG D62—2004 值	89.80*	22.3	46.4	32.9	174.95	
HPB1	JTG D62—2004 值	72.20	126.7	41	17.8	239.9	—

注:1. 应力单位均为 MPa,* 表示折线梁的 σ_{l1} 是按式(2.1)计算出来的。

　　2. 折线梁 $\sigma_{lI} = \sigma_{l1} + \sigma_{l2} + \sigma_{l4} + 0.5\sigma_{l5}$,后张梁 $\sigma_{lI} = \sigma_{l1} + \sigma_{l2} + \sigma_{l4}$。

从表 2.4 中看出,在折线先张梁的预应力损失中,实测预应力筋的摩擦损失 σ_{l1} 均略小于公式(2.1)的计算值,故采用式(2.1)计算折线先张梁钢绞线通过弯起器的摩擦损失值是可靠的。对锚具变形或钢筋回缩产生应力损失 σ_{l2},折线先张梁对 σ_{l2} 计算较准确直接,而后张梁假定反向摩擦系数与正向摩擦系数相同,因此存在较大误差[68]。

对折线先张梁第一批(或施工阶段)预应力损失 σ_{l1} 中的各项损失,除预应力筋的摩擦损失 σ_{l1} 采用式(2.1)确定外,其余各项预应力损失依据规范 JTG D62—2004 的计算值与试验实测值差别不大。对 XPB1、XPB2 和 XPB3,σ_{l1} 采用规范 JTG D62—2004 的计算值和试验实测值的比值分别为 1.17、1.18 和 1.21,说明对折线先张梁施工阶段的预应力损失 σ_{l1},采用规范 JTG D62—2004 与式(2.1)相结合的方法进行计算在工程应用中是可行的。

第一批预应力损失 σ_{l1} 的计算,将直接影响试验梁有效预应力值的确定,进而对构件正常使用性能产生影响。对比折线先张梁和后张梁的第一批应力损失 σ_{l1} 的计算结果:后张梁的 σ_{l1} 较折线梁大,说明线形布置对预应力束施工阶段的预应力损失有较大影响。

2.4 施工阶段变形监测

试验梁预应力建立后,其初始变形的测量对后期徐变性能的研究十分重要。考虑到试验梁在预应力产生反拱时梁的两端未有离开地面,即梁端部不存在反拱,本试验中,通过放张前先在梁侧面弹一条与底板平行的直墨线,放张后再拉线测量。

试验梁张拉(或放张)前,在梁表面上沿预应力传递长度范围内的钢绞线对应位置粘贴应变片花,以测量放张或张拉时混凝土弹性压缩应变值。在梁一侧跨中截面不同高度(上、下表面处及 1/4、1/2、3/4 高度)处粘贴 S2120-100AA 型丝式纸基电阻应变片,电阻值 120Ω(1 ± 0.2%),灵敏系数 2.018(1 ±0.1%),规格为 100mm × 3mm,张拉或放张后采用 CM-2B 静态应变仪连续监测 48h。在梁另一侧埋设手持千分尺测点(用不锈钢探头,埋入混凝土 10mm),千分尺测距为 225 ~ 250mm,精度为 5×10^{-6},如图 2.13 所示。千分尺测量的工具误差和人为误差可通过与 CM-2B 静态应

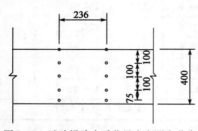

图 2.13 试验梁跨中千分尺应变测点分布示意图(尺寸单位:mm)

变仪同步监测的应变结果进行校正[76]。

2.4.1 试验梁预应力等效荷载

（1）预应力筋等效荷载图

预应力筋对混凝土结构的作用，可简化为等效荷载作用在结构上进行分析，不同形状的预应力筋将产生不同的等效荷载。通过改变预应力束的线形，使其产生的等效荷载与外荷载分布形式相同、方向相反、数值相当，故这种方法称为等效荷载法。由预应力平衡掉的外荷载不再对构件产生荷载效应，故又可称为荷载平衡法。荷载平衡法是由美国的华裔科学家林同炎教授于 1963 年在美国著文提出[2]，该法的提出大大简化了预应力结构的设计和计算，加速了预应力结构在工程领域的应用和推广。因此，美国混凝土学会（ACI）对预应力混凝土定义是：根据需要，人为地引入某一数值的分布内应力，用以部分或全部抵消外荷载引起的应力的一种加筋混凝土[79]。我国预应力专家建议从反向荷载出发，将预应力混凝土结构的定义为：根据需要，在预应力混凝土中人为地引入某一数值的反向荷载，用以部分或全部抵消外部使用荷载的一种加筋混凝土。

根据这一定义，若外荷载为均布荷载，则预应力束的线形可取抛物线形，其所产生的等效荷载将与外荷载作用方向相反，并可使结构上的一部分或全部外荷载被预应力束产生的反向荷载抵消。当外荷载为集中荷载时，预应力束可取折线形，折线束的弯起角度、位置、束数等可根据外荷载情况进行选定。同理，如预应力束为抛物线形，预应力筋所产生的竖向等效荷载可简化为均布荷载；如预应力束是折线形，预应力筋所产生的竖向等效荷载可简化为集中荷载，其作用点在预应力筋弯折点处[80]。

预应力筋引起的等效竖向分力和水平分力，共同使混凝土结构构件保持静力平衡，是自平衡力系。其中，等效竖向分布力可由预应力筋的曲率和倾角值计算确定。根据这一方法，本试验中折线先张梁和后张梁预应力钢束所产生的等效荷载如图 2.14 所示。

（2）等效荷载（或效应）

根据规范 JTG D62—2004 的规定，试验梁建立预应力后的有效预应力 σ_{eff} 可按下式计算：

$$\sigma_{eff} = \sigma_{con}^{eff} - \sigma_{l1} \tag{2.7}$$

式中：σ_{con}^{eff}——实测有效张拉控制应力；

σ_{l1}——可按表 2.4 中实测的第一批预应力损失值计算。

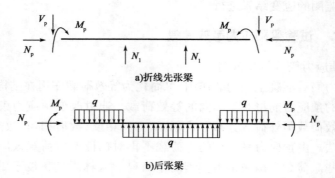

a)折线先张梁

b)后张梁

图2.14　试验梁等效荷载

　　三片折线先张梁施工时采用在同一台座上一端张拉,另一端补张拉的方法。预应力钢束在长线台座上张拉时经过多道转向器摩擦而产生了预应力损失,故两端的两片梁 XPB1 和 XPB3 与中间梁 XPB1 的 σ_{con}^{eff} 均不相同;对后张梁 HPB1 而言,σ_{con}^{eff} 为张拉控制应力,即 $0.9\sigma_{con}$。

　　根据等效荷载图及结构力学方法,试验梁等效荷载或效应值的计算结果如表2.5 所示。

试验梁预应力等效荷载(或效应)值 表2.5

梁号	XPB1	XPB2	XPB3	HPB1
$\sigma_{con}^{eff}(\text{MPa})$	1 391.7	1 305.4	1 391.7	1 255.5
$\sigma_{eff}(\text{MPa})$	1 216.8	1 141.5	1 216.8	1 015.6
$N_p = \sigma_{eff} \cdot A_{ps} \cdot \cos\alpha(\text{kN})$	335.7	314.9	335.7	282.3
$M_p = N_p \cdot e_p(\text{kN} \cdot \text{m})$	48.01	45.02	48.01	39.95
$N_1 = V_p = \sigma_{eff} \cdot A_{ps} \cdot \sin\alpha(\text{kN})$	35.3	33.2	35.3	12.4

注:1. $A_{ps} = 278\text{mm}^2$,e_p 为预应力筋至换算截面重心的距离(mm)。

　　2. 折线梁 $\alpha \approx 6°$;后张梁 $\alpha = 0°$,后张梁等效均布荷载按 $p = 8N_p \cdot e_0/l^2$ 计算,单位 kN/m。

　　(3)建立预应力后跨中截面弯矩和应力

　　试验梁放张后跨中截面的弯矩由三部分组成:

　　一是试验梁自重在跨中截面所产生弯矩值 M_G,可以将构件自重等效为均布荷载考虑。

　　二是预应力筋对换算截面形心处所产生的偏心弯矩值 M_p,如图2.14 所示。

　　三是对折线梁的预应力筋转折处产生的集中荷载(即图2.14 中的 N_1)对跨中截面产生的弯矩值;对后张梁为等效均布荷载(即图2.14 中的 q)在跨中产生

的弯矩值。

跨中截面的弯矩 $M_{合}$ 为以上三部分弯矩在跨中的弯矩叠加值。试验梁的各项弯矩计算值如表2.6所示。

试验梁建立预应力后跨中截面应力可分为两部分:一是跨中截面的弯矩 M 是试验梁产生的纵向弯曲引起的;二是预应力筋在梁纵向轴线产生的轴向压力 N_p 引起的。试验梁跨中截面上、下边缘混凝土应力的计算值,可由式(2.8)计算:

$$\sigma = \frac{N_p}{A_0} \pm \frac{M}{I_0} \cdot y \qquad (2.8)$$

式中:N_p——预应力钢筋及非预应力筋的合力在构件截面上产生的预压力;

A_0——换算截面面积,指混凝土净截面面积与全部纵筋(包括预应力筋)换算成混凝土的面积;对于后张梁应为净截面面积 A_n,即扣除孔道、凹槽等削弱部分以外的混凝土全部截面面积与纵向非预应力筋截面面积换算成混凝土截面面积之和;

M——预应力、构件自重及外加荷载在计算截面处共同产生的弯矩叠加值;

I_0——换算截面的惯性矩,对后张梁应为净截面的惯性矩 I_n;

y——换算截面重心(后张梁为净截面重心)至所计算纤维处的距离。

预应力建立后试验梁跨中截面弯矩及应力计算值　　　　　　表2.6

梁号	XPB1	XPB2	XPB3	HPB1
M_G	12.96	12.96	12.96	12.96
M_P	48.01	45.02	48.01	39.95
$M_{N1}(M_q)$	−84.7	−79.4	−84.7	(−79.9)
$M_{合}$	−23.7	−21.4	−23.7	−28.2
σ_c^t	0	−0.16	0.17	−1.25
σ_c^b	7.97	7.29	7.47	8.31

注:1. 弯矩单位是 kN·m,应力单位为 MPa。

2. σ_c^t、σ_c^b 分别表示梁跨中截面上、下边缘混凝土应力的计算值。

从表2.5中看出,由于预应力建立后试验梁跨中截面有效应力值的差异,折线先张梁的预应力束在梁中产生轴向压力和在梁跨中产生负弯矩均比后张梁大得多。从表2.6中看出,尽管折线先张梁比后张梁的有效预应力值大,但在自重及预应力的共同作用下,后张梁跨中截面的总弯矩要比折线先张梁大。由于后张梁张拉钢绞线的同时即挤压混凝土,张拉时已克服或减少了弹性压缩损失,在其他条件相同时预压力略大。另外,后张梁预留孔道后造成截面面积的削弱和截面几何性质的差异,在自重和预应力共同作用下,跨中截面上、下边缘混凝土的应力值亦会造成比折线先张梁稍大。

2.4.2 建立预应力后跨中截面变形

预应力建立后试验梁跨中截面的变形包括混凝土应变和跨中挠度。本文及后续与变形相关的数据均采用试验实测值。试验梁在张拉或放张后稳定 5min,即进行跨中截面瞬时应变和反拱值的量测。而后对试验梁进行二次加载,建立预应力后试验梁在预应力和自重共同作用下,至二次加载前产生了徐变变形,其中,预应力、自重与二次加载时混凝土龄期的差异可以忽略。

试验梁放张后跨中截面瞬时变形及至二次加载前初期变形实测值如表 2.7 所示。

预应力建立后试验梁跨中截面瞬时变形与初期变形　　　　　表 2.7

梁编号及内容	XPB1			XPB2			XPB3			HPB1		
	ε^b	ε^t	f	ε^b	ε^t	f	ε^b	ε^t	f	ε^b	ε^t	f
瞬时变形	232	6	2.1	221	0	2.4	234	22	2.1	203	−7	2.6
初期变形	278	10	3.5	259	0	3.9	256	32	2.9	217	−13	4.3

注:1. ε^b-跨中截面下边缘应变值($\times 10^{-6}$); ε^t-跨中截面上边缘应变值($\times 10^{-6}$); f-跨中截面挠度值(mm);

2. 跨中截面初期变形为二次加载前的总变形值,包括瞬时变形与徐变变形之和。

2.5　二次加载及瞬时效应分析

2.5.1　二次加载方案

混凝土徐变变形随时间增长而增加,早期发展较快而后期发展较慢,可持续 50 年,甚至上百年。为研究加载环境条件、预应力钢束线形及预应力水平(预应力度)、持荷时间等因素对预应力梁混凝土徐变性能的影响,将制作的三片折线先张梁及一片抛物线后张梁分成两组,分别置于室外自然环境和室内近似标准环境中长期加载。

将四片试验梁分别吊装至橡胶支座上呈三分点对称加载,试验梁的计算跨径为7.2m,加载示意图及实物图分别如图2.15、图2.16所示。

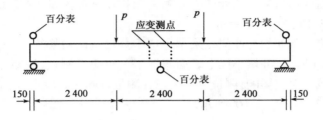

图2.15　加载及量测方案(尺寸单位:mm)

图2.16　加载及量测现场照片

根据前期实测的有效预应力和调整预应力度值的需要,二次加载以实现XPB1 和 XPB3 为全预应力梁、XPB2 和 HPB1 为部分预应力梁来调整所施加荷载值的大小。二次加载后试验梁的荷载效应及预应力度值如表2.8所示。

试验梁二次加载后力学性能参数　　　　表2.8

梁号		XPB1	XPB2	XPB3	HPB1
二次加载值(kN)		34	41	38	41
二次加载弯矩值(kN·m)		40.8	49.2	45.6	48.5
二次加载在跨中截面产生应力(MPa)	上边缘 σ_c^t	7.11	8.94	7.44	8.85
	下边缘 σ_c^b	−6.87	−8.26	−7.17	−8.82
二次加载与预应力在跨中截面叠加应力值(MPa)	上边缘 σ_c^t	7.11	8.78	7.61	7.60
	下边缘 σ_c^b	1.10	−0.97	0.30	−0.51
预应力度 λ		1.12	0.91	1.03	0.95

说明:1. σ_c^t、σ_c^b 分别为试验梁跨中截面上、下边缘的应力值,正值表示压应力,负值表示拉应力。

2. 预应力度采用印度学者 G. S. Ramaswamy 提出的基于消压弯矩的定义计算[81]。

2.5.2　量测方案

跨中截面变形量测包括徐变应变测量和长期挠度测量,量测方案图及实物图分别如图 2.15、图 2.16 所示。

试验梁跨中截面的弯曲应变采用手持千分尺量测后换算,手持千分尺测点布置如图 2.13 所示,补偿小梁上表面布置了一组应变测点,测距与试验梁测距相同。为了减小温差影响,测量时尽可能在测量日同一时段进行,量测后应变计算过程如式(2.9)、式(2.10)所示。

$$\varepsilon_{cr}(t, t_0) = \frac{\Delta l(t) - \Delta l(t_0)}{l_b} - \varepsilon_{sh,t} \tag{2.9}$$

$$\varepsilon_{sh,t} = \frac{\Delta l_{sh}(t)}{l_b} \tag{2.10}$$

式中:$\varepsilon_{cr}(t, t_0)$——加载龄期 t_0 至混凝土成型始至时刻 t 时所产生的徐变应变;

$\quad\quad \Delta l(t)$——t 时刻混凝土的总变形值(mm);

$\quad\quad l_b$——量标距(mm);

$\quad\quad \Delta l(t_0)$——加载时刻 t_0 测得的混凝土初始变形值(mm);

$\quad\quad \varepsilon_{sh,t}$——$t$ 时刻同龄期混凝土的总收缩应变值;

$\quad\quad \Delta l_{sh}(t)$——补偿小梁同一时段测定的由温度、收缩等因素引起的应变值。

跨中挠度用防锈蚀百分表量测;考虑试验梁加载后两端支座的沉降,分别在跨中及两端支座的位置布置百分表。挠度增量实测值可按式(2.11)计算:

$$f_1 = f_m - \frac{1}{2}(f_r + f_1) \tag{2.11}$$

式中:f_l——长期挠度的改变值;

$\quad\quad f_m$——跨中百分表测得的挠度改变值;

$\quad f_1$、f_r——左、右量测百分表测得的挠度改变值。

2.5.3　加载环境

分别将 XPB2、HPB1 二次加载后与补偿小梁 SHB1 一起放置在室外自然环境中;将 XPB1、XPB3 二次加载后与补偿小梁 SHB2 一起放置在室内近似标准环境中,环境条件可通过专门设备调节温度、湿度。加载现场图片如图2.17所示。

对两组试验环境的温度、湿度进行了约 600d 的实测,绘制了温度、湿度时程曲线,如图 2.18 所示。从温度时程图 2.18a)中可看出:置于室外环境的试验梁

XPB2、HPB1,其环境温度随天气的变化有较大波动,最高温差与最低温差达35℃,年平均温度约为20.5℃。置于室内环境的试验梁 XPB1、XPB3,除试验初期调试期间的环境温度高于20℃外,其后的环境温度均保持在20℃±3℃范围内,年平均温度为21℃。

a)室外梁　　　　　　　　　　　　　　b)室内梁

图2.17　室外梁与室内梁加载环境

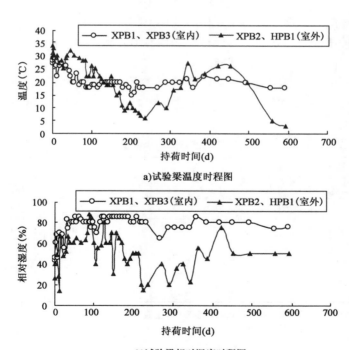

a)试验梁温度时程图

b)试验梁相对湿度时程图

图2.18　试验梁温度、相对湿度时程曲线

从相对湿度时程图 2.18b) 中可看出：置于室外环境的 XPB2、HPB1 梁，其环境相对湿度随天气的变化有较大波动，相对湿度最高值与最低值相差约 75%，年平均相对湿度约为 55%。置于室内环境的试验梁 XPB1、XPB3，除试验初期调试期间的环境相对湿度低于 80% 外，后期环境相对湿度均维持在 80% 左右。

2.5.4　二次加载后的瞬时效应

由于试验梁预应力、自重与二次加载并不是同时进行，即几种荷载施加在结构上时混凝土龄期不同，但相差不大，故在进行徐变性能分析时，预应力与二次加载时的试验梁混凝土龄期差异的影响可以适当忽略。

对于试验梁徐变性能研究，确定跨中截面的初始变形十分关键。二次加载后的初始变形值为试验梁放张瞬时与二次加载前的初期变形的平均值叠加上二次加载后的瞬时变形值[75]，初始变形值可按式（2.12）计算：

$$d_{cr}^0 = \frac{d_0 + d_1}{2} + d_2 \tag{2.12}$$

式中：d_{cr}^0——试验梁跨中截面徐变初始变形值，包括应变和挠度；

d_0——试验梁建立预应力后自重和预应力在跨中截面产生的瞬时变形；

d_1——试验梁至二次加载前跨中截面的总变形；

d_2——试验梁二次加载后在跨中截面产生的瞬时变形值。

试验梁跨中截面初始挠度及上、下边缘混凝土的初始应变实测值，如表 2.9 所示。

二次加载后试验梁跨中截面变形　　　　　　　表 2.9

梁号		XPB1	XPB2	XPB3	HPB1
二次加载后瞬时挠度值（mm）		5.04	6.77	4.3	9.58
初始挠度值（mm）		2.24	3.57	1.8	6.08
二次加载后瞬时应变（$\times 10^{-6}$）	ε_c^t	195	265	190	230
	ε_c^b	−215	−270	−220	−225
初始应变（$\times 10^{-6}$）	ε_c^t	203	265	217	220
	ε_c^b	40	−30	25	−15

注：ε_c^t、ε_c^b 分别表示跨中截面上、下边缘的混凝土应变值。

第 3 章　折线先张梁长期变形特征及模式

3.1　混凝土徐变效应的计算

3.1.1　徐变特征指标

（1）混凝土徐变特征指标

混凝土徐变特征指标是指描述其徐变性能随时间发展规律的特征参数,主要有徐变度、徐变函数及徐变系数等。

徐变度反映了混凝土在长期荷载作用下单位应力所产生的徐变应变值;徐变函数反映了混凝土在长期荷载作用下单位应力所产生的总应变值。在本书第 5 章中的应力状态对混凝土徐变性能影响的章节,将重点阐述徐变度和徐变函数的概念,并通过对四片试验梁的徐变函数和徐变度时程曲线研究,指出了预应力梁跨中截面上边缘混凝土在单位应力作用下的徐变特性。

徐变系数反映了混凝土在长期荷载作用下的徐变应变与加载瞬时弹性应变比值的时程规律,通常有两种定义[49,55]。第一种定义是指混凝土在持续应力 $\sigma_c(t_0)$［要求 $\sigma_c(t_0) \leqslant 0.5f_c(t_0)$］作用下所产生的徐变应变 $\varepsilon_{cr}(t, t_0)$ 与混凝土在标准条件下受同等应力作用时所产生的瞬时弹性应变 ε_1 之比,一般用符号 $\varphi_c(t, t_0)$ 表示:

$$\varphi_c(t, t_0) = \frac{\varepsilon_{cr}(t, t_0)}{\varepsilon_1} \tag{3.1}$$

$$\varepsilon_1 = \frac{\sigma_c(t_0)}{E_c(28)} \tag{3.2}$$

式中:$E_c(28)$——混凝土在标准条件下养护 28d 时的弹性模量(MPa);

t_0——开始受力时混凝土的龄期(d);

t——由混凝土成型始至计算时刻的时间(d);

$\sigma_c(t_0)$——混凝土在 t_0 时的应力(MPa);

$f_c(t_0)$——混凝土在 t_0 时的抗压强度值(MPa)。

第二种徐变系数的定义是指混凝土在持续应力 $\sigma_c(t_0)$（亦要求 $\sigma_c(t_0) \leqslant$ $0.5f_c(t_0)$）作用下所产生的徐变应变 $\varepsilon_{cr}(t, t_0)$ 与该混凝土在相应龄期 t_0 时受同等应力作用时所产生的瞬时弹性应变 ε_1 之比，亦用符号 $\varphi_c(t, t_0)$ 表示，表达式同式（3.1），但 ε_1 的表达式为：

$$\varepsilon_1 = \frac{\sigma_c(t_0)}{E_c(t_0)} \tag{3.3}$$

式中：$E_c(t_0)$——混凝土在龄期 t_0 时的弹性模量。

（2）预应力混凝土梁徐变特性指标

在工程应用中，对预应力混凝土梁长期变形有实际意义的徐变特性指标主要有徐变应变系数和长期挠度系数。本书为了便于深入研究预应力混凝土梁长期挠度模式，亦介绍预应力混凝土梁徐变曲率系数与徐变挠度系数这两个参数概念。

预应力混凝土梁徐变系数，是指梁控制截面上（或下）边缘在持续荷载作用下的弯曲应变徐变值 ε_{cr} 与加载瞬时弹性弯曲应变 ε_1 的比值，其表达式同式（3.1），亦用符号 $\varphi_c(t, t_0)$ 表示，也可称之为徐变应变系数。

预应力混凝土梁的长期挠度 f_l 是由混凝土徐变收缩、预应力松弛损失及梁体服役期间刚度退化等多种因素共同引起的。徐变应变引起梁横截面曲率变化，徐变曲率引起的挠度增加值称之为徐变挠度 f_c。另外，由于梁上、下截面混凝土长期收缩应变值不同，引起了计算截面曲率变化使挠度增加，称之为收缩挠度 f_{sh}。

研究表明，对预应力混凝土梁，徐变应变与徐变挠度的变化幅度并非同步[82,83]，如能把徐变应变与徐变挠度联系起来，就可将桥梁结构的徐变系数与徐变挠度建立联系。根据材料力学和混凝土结构基本理论，截面曲率是联系应变和挠度的纽带参数。研究预应力梁徐变曲率，对其徐变挠度研究有重要意义。本书即是通过对徐变曲率系数展开研究，探索预应力梁挠曲时徐变应变系数与徐变挠度系数间的数值关系。

徐变曲率系数是指梁在长期荷载持续作用时间 t-t_0 后，计算截面的徐变曲率 ϕ_c 与加载时刻 t_0 瞬时弹性曲率 ϕ_1 的比值，t 表示计算时刻混凝土的龄期（单位均为 d）。徐变曲率系数用 $\phi_c(t, t_0)$ 表示，即：

$$\phi_c(t, t_0) = \frac{\phi_c}{\phi_1} \tag{3.4}$$

徐变挠度系数是指梁在长期荷载持续作用时间 t-t_0 后，计算截面的徐变挠度 f_c 与加载时刻 t_0 瞬时弹性挠度 f_1 的比值，t 表示计算时刻对应的混凝土龄期

（单位均为 d）。徐变挠度系数用 $\varphi_{\mathrm{f}}(t,t_0)$ 表示，即

$$\varphi_{\mathrm{f}}(t,t_0) = \frac{f_{\mathrm{c}}}{f_1} \qquad (3.5)$$

预应力混凝土梁的长期挠度系数 $\varphi_l(t,t_0)$，是指梁在荷载长期作用下的挠度增加值 f_l 与加载瞬时弹性挠度 f_1 的比值，亦称为长期荷载作用下的附加挠度增大系数：

$$\varphi_l(t,t_0) = \frac{f_l}{f_1} = \frac{f_{\mathrm{c}} + f_{\mathrm{sh}}}{f_1} \qquad (3.6)$$

$$f_1 = \delta_{\mathrm{p}} + \delta_{\mathrm{g}} + \delta_{\mathrm{f}} \qquad (3.7)$$

式中：t_0——混凝土加载龄期（d）；

　　　t——计算时刻的混凝土龄期（d）；

　　　f_l——梁在长期荷载作用下的挠度，$f_l = f_{\mathrm{c}} + f_{\mathrm{sh}}$；

　　　δ_{g}——自重产生瞬时弹性挠度；

　　　δ_{p}——预应力筋放张时产生的瞬时弹性反拱；

　　　δ_{f}——二次加载产生的瞬时弹性挠度值。

3.1.2 混凝土徐变计算理论

混凝土结构在服役期间，混凝土所受的应力复杂且随时间改变而有所变化。所谓混凝土徐变计算理论，就是把恒载作用下徐变计算理论应用到变应力作用下的结构构件，即变应力作用下的徐变分析方法。在进行混凝土结构的徐变时随分析时，需要借助混凝土徐变系数时随关系数学表达式。徐变系数表达式的确定方法有偏重试验的方法和偏重理论的方法两类：前者以大量试验研究为依据，通过试验资料分析得出相应的经验公式，规范公式大多属于此类；后者同样以试验为依据，但为了方便计算推理作了一些基本假定，徐变系数的时程关系表达式根据不同的假定，可得出预测徐变效应的多种经典理论，主要包括老化理论、先天理论、混合理论、弹性老化理论和继效流动理论[49,75]。

1）老化理论

老化理论在欧美称为迪辛格尔法或徐变率法，老化理论的基础是葛朗维尔（Glanville）在 1930 年建立的，而迪辛格尔（Dischinger）则在 1937 年首先将它应用于复杂结构。葛朗维尔通过试验得出如下结论：对所给混凝土分别在不同龄期施以持续常应力所得出的一组徐变系数时程曲线，在同一龄期 t 的徐变增长率（$\mathrm{d}\varphi/\mathrm{d}t$）都相同，当加载龄期增大到一定值后，徐变终极值 φ_{kt} 趋近于零，如图 3.1 所示。根据这个结论，任意加载龄期 τ 的混凝土在 t 时的徐变系数可表

示为:

$$\varphi(t,\tau) = \varphi(t,\tau_0) - \varphi(\tau,\tau_0) \tag{3.8}$$

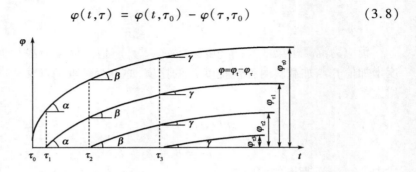

图 3.1　老化理论徐变增长特征图

老化理论对一些简单问题可以获得解析解,但其理论是以平行线假定为基础的,徐变率随龄期的增长很快减小,老混凝土在 3～5 年后的徐变几乎为 0,这与实际情况不符。且该理论又未考虑滞后弹变的徐变系数,忽略了卸荷后的徐变恢复,不能反映早期加载时徐变迅速发展的特点。如用来计算后期加载混凝土长期徐变效应时,会低估徐变的影响;用来计算递减荷载的长期效应时,又会对徐变影响估计过高。因此该理论在工程应用中有较大局限性。

2)先天理论

1933 年托马斯(F. G. Thomans)提出了徐变系数的指数函数表达式。之后,麦克亨利(D. Mc. Henry)根据加载后时刻 t 的徐变率将与剩余的或将要产生的徐变量成正比,即不同加载龄期混凝土徐变增长规律都相同(图 3.2)的假定,得出以下结论:

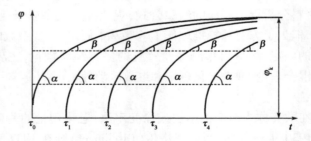

图 3.2　按先天理论表示不同加载龄期的混凝土徐变增长特征

(1)加载龄期 τ_0 的徐变曲线确定后,由坐标水平移动可得到不同加载龄期 $\tau(\tau_1,\tau_2\cdots)$ 的混凝土徐变曲线。

(2)混凝土的徐变终极值不因加载龄期的不同而改变,是一个常值。

(3)不同加载龄期 τ 的混凝土在相同的持荷时间所得到的徐变系数相等，并在该点具有相同的徐变增长率。

(4)任意加载龄期 τ 的混凝土在 t 时的徐变系数可表示为：

$$\varphi(t,\tau) = \varphi_0(t-\tau) \tag{3.9}$$

式中：$\varphi_0(t-\tau)$——加载时间 $t-\tau$ 时的徐变系数。

因此，先天理论计算公式中，持荷时间是唯一影响因素，其徐变系数值取决于持荷时间。在本书第 3 章中，以先天理论为基础对折线先张梁建立了考虑持荷时间的"单因素法"长期挠度计算公式。

3）混合理论

混合理论又称为弹性徐变理论，即叠加法，由苏联阿鲁久涅扬和马斯洛夫在 1952 年创立。该理论认为徐变是一种弹性推迟变形。

阿鲁久涅扬首先将迪辛格尔公式应用于混合理论，提出计算龄期为 t、加载龄期为 τ 混合理论的徐变系数表达式：

$$\varphi(t,\tau) = (A + Be^{-\gamma\tau})[1 - e^{-\gamma(1-\tau)}] \tag{3.10}$$

或

$$\varphi(t,\tau) = \left(A + \frac{B}{\tau}\right)[1 - e^{-\gamma(t-\tau)}] \tag{3.11}$$

混合理论实际上综合了先天理论和老化理论，认为早期加载时用老化理论，后期加载时用先天理论；或者计算的前期用老化理论，后期用先天理论。混合理论能较好地反映徐变的基本特征，计算结果与试验结果基本符合，因此该方法在实际工程计算中有广泛应用。但是，混合理论认为混凝土徐变可完全恢复，实际混凝土徐变并非可完全恢复，尚有残余变形存在，如第 5 章中图 5.4 所示。这与实际情况不符，该理论尚不能很好地反映早期加载的混凝土徐变迅速发展情况。

4）弹性老化理论

弹性老化理论即流动率法。伊尔斯顿(J. M. Illstony)和恩格莱特(G. L. England)为克服前述徐变率法低估老龄混凝土的徐变和徐变恢复的缺点，将徐变分为弹性变形 ε_c、可恢复变形 ε_d（滞后弹性变形）和不可复变形 ε_f（塑性流动变形）三部分。

弹性老化理论假定：不同加荷龄期的徐变变形曲线是平行的，即不同加荷龄期混凝土在任意时刻的流动速率是相同的。根据这些假定，初始加荷龄期为 τ_0 的徐变函数可表示为：

$$\varphi(t,\tau_0) = \frac{1}{E(\tau_0)} + C_d(t-\tau_0) + C_f(t) - C_f(\tau_0) \tag{3.12}$$

式中：$C_d(t-\tau_0)$——单位应力下的滞后弹性变形；

$C_f(t)$——在龄期 t 的流动变形；

$C_f(\tau_0)$——在龄期 τ_0 的流动变形。

流动率法能合理解释早龄期混凝土在卸荷状态下徐变可部分恢复的性质，但是它把不可恢复徐变的减少仅仅归结为材料老化因素引起的，因此会低估老混凝土徐变。

5）继效流动理论

继效流动理论类似于弹性老化理论，也是将徐变划分为可恢复徐变和不可恢复徐变两部分，但与弹性老化理论不同的是它不再假定流动变形速率与加载龄期无关；在交替加载卸载和应力部分减少时，继效流动理论计算的变形值与试验值符合得较好，对应力衰减的估算与实际情况也比较接近，只是该理论的计算比较复杂。

3.1.3 混凝土徐变系数表达方式

目前，国际上对徐变系数时程规律的描述存在着三种形式的数学表达式：第一种是将徐变系数表达为一系列系数的乘积，每个系数代表一个影响徐变的因素；第二种是将徐变系数表达为若干互异因素的徐变分项系数之和；第三种是将徐变系数表示为混凝土加载龄期和持荷时间共同影响的函数（或对晚龄期加载的混凝土仅考虑持荷时间的影响）。

（1）表达为一系列系数乘积的徐变系数表达式

H. 特老私德（H. Trost）与 W. 拉特（Wiss Rat）在 1967 年提出，混凝土的徐变系数可表达为徐变终值与荷载持续时间函数的乘积[49]，即：

$$\varphi(t, t_i) = \varphi(\infty, t_i) \cdot f(t - t_i) \tag{3.13}$$

式中： t_i——加载龄期（d）；

$t - t_i$——荷载持续时间（d）；

t ——混凝土成型至计算时刻的时间（d）；

$\varphi(\infty, t_i)$——加载龄期为 t_i 时混凝土徐变系数终极值，其表达式如式（3.14）所示：

$$\varphi(\infty, t_i) = k_i \cdot c_2 \cdot c_3 \cdot \varphi_0 \tag{3.14}$$

k_i——加载龄期影响系数；

c_2——混凝土成分及稠度影响系数；

c_3——构件尺寸影响系数；

φ_0——取决于环境湿度的系数。

该种表达式中，参与连乘的系数个数是由所考虑影响因素的多少来决定的。

所考虑因素的影响系数取值可根据相关规范或文献查询,有条件的情况下也可以根据现场对混凝土徐变试验,进而对部分影响系数进行修正。这种表达式形式简洁,各参数意义明确,便于工程应用。英国桥梁规范 BS5400(1984 年版第四部分)[84],ACI209 委员会的建议(1982 年、1992 年版)[53,70],我国"86 成果"[85]等徐变系数模式均采用了此种形式的表达式。

(2)表达为若干分量之和的徐变系数表达式

弹性老化理论将混凝土徐变分为弹性变形、可恢复变形(滞后弹性变形)和不可恢复变形(塑性流动变形)三部分[49];继效流动理论类似于弹性老化理论,将徐变划分为可恢复徐变和不可恢复徐变两部分[86]。CEB-FIP 标准规范(1978年版)根据这两种理论[87],将混凝土徐变系数表达为如下形式:

$$\varphi(t,t_0) = \beta_a(t_0) + \varphi_d(t,t_0) + \varphi_f(t,t_0) \tag{3.15}$$

式中:$\beta_a(t_0)$——加载后最初几天产生的不可恢复变形系数;

$\varphi_d(t,t_0)$——可恢复的滞后弹变系数,或徐弹系数;

$\varphi_f(t,t_0)$——不可恢复的流变系数,或徐塑系数。

20 世纪 80 年代,Z. P. Bazant 教授提出了由基本徐变和干燥徐变组成的徐变函数表达式,称为"B-P"模式,采用单位应力产生的总应变来描述[88]:

$$J(t,t',t_0) = \frac{1}{E_c(t')} + C_0(t,t') + C_d(t,t',t_0) - C_p(t,t',t_0) \tag{3.16}$$

式中:　　t_0——开始干燥时的龄期;

t'——加载龄期;

t——加载后至计算徐变时的龄期(龄期单位均为 d);

$\dfrac{1}{E_c(t')}$——加载时刻单位应力产生的初始弹性应变;

$C_0(t,t')$——单位应力产生的基本徐变,即无水分转移时的徐变应变;

$C_d(t,t',t_0)$——单位应力产生的干燥徐变,既有水分转移时的徐变应变;

$C_p(t,t',t_0)$——干燥以后徐变的减少量。

尽管该表达式反映了徐变变形的构成及其机理,但在实际工程中将不同机理的徐变变形区分开来较为复杂,因此,该模式在工程应用时局限性较大,应用较少。1990 年版 CEB-FIP 标准规范中对徐变系数的表达式又调整为在形式上类似于一系列系数乘积的表达式[87],具体可参见本章 3.1.4 节。

(3)表达为加载龄期和持荷时间共同影响的徐变系数表达式[50,88]

加载时混凝土龄期和持荷时间是影响徐变系数值的两个重要因素,故可将徐变系数表达为这两个时间参数的函数。混凝土徐变随加载龄期增长而单调衰减,又随加载时间增加而单调增加,但增加速度则随着持荷时间的增加而递减。这种徐变系数表达式仅考虑加载龄期和荷载持续时间的影响,或对晚龄期加载的混凝土结构,仅考虑了荷载持续时间的影响。徐变系数与加载时间的函数关系表达形式,与徐变系数是否存在极值有关。

徐变系数的极值问题,学术界有着不同意见。认为混凝土徐变在持荷一定时间后停止,即徐变系数存在极限值,可将徐变系数与加载时间的函数表达为指数函数、双曲线函数或双曲幂函数形式。指数函数的代表性表达式主要有汤麦斯(F. G. Thomans)在1933年、麦克亨利(D. Mc. Henry)在1943年提出的混凝土徐变先天理论表达式;葛朗维尔(Glanville)在1930年建立、迪辛格尔(Dischinger)在1937年首次用于复杂结构的混凝土老化理论;苏联阿鲁久涅扬和马斯洛夫在1952年创立弹性徐变理论(亦称为混合理论)。双曲线函数代表性表达式有1937年罗时(A. D. ROSS)提出的徐变度双曲线函数;1964年勃朗诵(D. E. Branson)等提出的双曲线幂函数形式的徐变系数表达式。

认为混凝土徐变不存在极值者,可将徐变系数与加载时间的函数数值关系表示为幂函数或对数函数形式。其中有代表性的是施特劳伯(L. B. Straub)在1930年提出的用幂函数描述常应力作用下的徐变发展进程表达式;尚可(J. R. Shank)在1935年提出用加载龄期的双曲线函数与加载持续时间的幂函数乘积来表示混凝土徐变度;另外,美国西北大学的Z. P. Bazant教授在1975年、1985年提出的用双幂函数和三幂函数来表示徐变度。徐变度均可换算成徐变系数。

3.1.4 当前常用的徐变系数模式

当前国际上混凝土徐变系数的计算模式较多,常用的有CEB-FIP MC90模式[87]、ACI-209R(92)模式[70]、我国"86成果"[85,89]、GL2000模式[90]等。不同徐变系数计算模式所考虑的因素不同;即使是同种因素对混凝土徐变性能的影响,在不同计算模式下所考虑的量化值也不一致。因此,每种计算模式均有其适用范围,对同一工程对象的计算精度也存在较大差异。

(1)CEB-FIP MC90模式

CEB-FIP MC90是欧洲混凝土委员会和国际预应力混凝土协会在1990年提出了徐变系数预测模式,该模式适用于应力水平 $\sigma_c/f_c(t_0) < 0.4$,暴露在平均温度 $5 \sim 30℃$、平均相对湿度 $40\% \sim 100\%$ 环境中的混凝土构件。考虑的混凝土徐变性能主要影响因素有混凝土抗压强度、构件几何尺寸、水泥种类、构件环境的相对湿度、加载龄期及持荷时间等。该徐变系数模式的计算表达式为式(3.17):

$$\phi(t,t_0) = \phi_0\beta_c(t - t_0) \tag{3.17}$$

其中,各符号的具体表达式为:

$$\phi_0 = \phi_{rh}\beta(f_{cm})\beta(t_0)$$

$$\phi_{rh} = 1 + \frac{1 - \dfrac{RH}{RH_0}}{0.46\left(\dfrac{h}{h_0}\right)^{1/3}}$$

$$\beta(f_{cm}) = \frac{5.3}{\left(\dfrac{f_{cm}}{f_{cm0}}\right)^{0.5}}$$

$$\beta(t_0) = \frac{1}{0.1 + \left(\dfrac{t_0}{t_1}\right)^{0.2}}$$

$$\beta_c(t - t_0) = \left(\frac{\dfrac{t - t_0}{t_1}}{\beta_H + \dfrac{t - t_0}{t_1}}\right)^{0.3}$$

$$\beta_H = 150\left[1 + \left(1.2\frac{RH}{RH_0}\right)^{18}\right]\frac{h}{h_0} + 250 \leqslant 1\,500$$

上述式中: t_0——加载时的混凝土龄期(d);

t——计算时刻的混凝土龄期(d);

$\phi(t, t_0)$——加载龄期为 t_0、计算龄期为 t 时的混凝土徐变系数;

ϕ_0——名义徐变系数;

β_c——加载后徐变随时间发展的系数;

f_{cm}——混凝土在 28d 龄期时的平均立方体抗压强度(MPa);

RH——环境年平均相对湿度(%);

h——构件理论厚度(mm), $h = 2A/u$,其中,A 为构件横截面面积(mm),u 为构件与大气接触的周边边长;

$RH_0 = 100\%$;

$h_0 = 100\text{mm}$;

$t_1 = 1\text{d}$;

$f_{cm0} = 10\text{MPa}$。

我国现行规范 JTG D62—2004 中徐变系数计算模式表达式与该模式近似。

（2）ACI-209R（92）模式

ACI-209R(92)模式是美国混凝土协会在 1992 年年度报告中提出的,徐变系数表达式由一系列系数的乘积组成,其中与荷载持续时间特征系数可采用双曲线幂函数。该公式考虑了持荷时间、加载环境及混凝土的成分等因素对徐变性能的影响,适用于加载龄期大于 7d 的混凝土。其徐变系数的数学表达式如式(3.18)所示:

$$\varphi(t,\tau) = \frac{(t-\tau)^{0.6}}{10+(t-\tau)^{0.6}}\varphi(\infty) \tag{3.18}$$

式中:τ——混凝土加载龄期(d),$\tau \geq 7$;

$t-\tau$——荷载持续时间(d);

$\varphi(\infty)$——极限徐变系数,$\varphi(\infty) = 2.35K_1K_2K_3K_4K_5K_6$;

K_1——混凝土加载龄期影响系数,$K_1 = 1.25\tau^{-0.118}$;

K_2——周围环境相对湿度 λ(以%计,$\lambda > 40$)影响系数,$K_2 = 1.27 - 0.0067\lambda$;

K_3——混凝土构件平均厚度的影响系数,具体取值可见文献[70];

K_4——混凝土坍落度影响系数,$K_4 = 0.82 + 0.00264S$,其中,S 为新鲜混凝土坍落度,以 mm 计;

K_5——细集料含量影响系数,$K_5 = 0.88 + 0.0024f$,其中,f 为细集料占总集料百分比系数;

K_6——空气含量影响系数,$K_6 = 0.49 + 0.09A_c \geq 1$,其中,$A_c$ 为新鲜混凝土中空气含量的体积(以%计)。

（3）我国建科院"86 成果"

1982 ~ 1986 年,中国建筑科学研究院结构所根据原国家建工总局下达的任务,组织全国有关高等院校和科研单位,对混凝土徐变的特性、主要影响因素及其数学表达式进行分析和试验研究,通过对试验数据的统计分析,提出了混凝土徐变系数的"多系数"表达式。混凝土徐变系数 $\varphi(t)$ 的计算公式为:

$$\varphi(t) = \varphi(t)_0 k_1 k_2 k_3 k_4^e k_5 k_6 \tag{3.19}$$

式中:$\varphi(t)_0$——普通混凝土或轻集料混凝土徐变基本方程;

普通混凝土:

$$\varphi(t)_0 = \frac{t^{0.6}}{4.168 + 0.312t^{0.6}}$$

轻集料混凝土:

$$\varphi(t)_0 = \frac{t^{0.6}}{4.520 + 0.359t^{0.6}}$$

t——荷载持续时间；

k_1——环境相对湿度对徐变的影响系数；

k_2——构件截面尺寸对徐变的影响系数；

k_3——养护方法对徐变的影响系数；

k_4^φ——加载龄期对混凝土徐变系数的影响系数；

k_5——粉煤灰取代水泥量对混凝土收缩及徐变的影响系数；

k_6——混凝土强度等级对徐变的影响系数。

各参数的具体取值详见文献[85]。

（4）GL2000 模型

Gardner 和 Lockman 在 ACI209 委员会通过的徐变预测模式在满足若干准则的基础上，于 1999 年提出了 GL2000 徐变预测模式。该模式能适用于强度达到 70MPa 左右的高强混凝土，且考虑了加载前混凝土干燥对加载后徐变变形的影响。GL2000 模式的徐变系数计算式如下：

$$\varphi_{28} = \Phi(t_c)\left\{2\left[\frac{(t-t_0)^{0.3}}{(t-t_0)^{0.3}+14}\right] + \left(\frac{7}{t_0}\right)^{0.5}\left(\frac{t-t_0}{t-t_0+7}\right)^{0.5} + \right.$$

$$\left. 2.5(1-1.086h^2)\left[\frac{t-t_0}{t-t_0+0.15\left(\frac{V}{S}\right)^2}\right]^{0.5}\right\} \tag{3.20}$$

当 $t = t_0$ 时：

$$\Phi(t_c) = 1$$

当 $t > t_0$ 时：

$$\Phi(t_c) = \left\{1-\left[\frac{t_0-t_c}{t_0-t_c+0.15\left(\frac{V}{S}\right)^2}\right]^{0.5}\right\}^{0.5}$$

式中：h——环境相对湿度，以小数表示；

t——计算考虑的时刻混凝土龄期（d）；

t_c——混凝土开始干燥时的龄期，或者混凝土潮湿养护结束时龄期（d）；

t_0——混凝土加载龄期（d）；

V/S——混凝土构件的体表比（mm）。

（5）AASHTO 模型[71]

AASHTO 模型即美国《AASHTO LRFD 桥梁设计规范》计算方法，该模型考虑的因素主要有：集料的特征和比例、养护类型、环境湿度、水灰比、构件的体表比、应力条件、持续时间、加载时混凝土的成熟度等。该模型徐变系数表达式为：

$$\varphi(t,t_i) = 3.5k_c k_f \left(1.58 - \frac{H}{120}\right)t_i^{-0.118} \frac{(t-t_i)^{0.6}}{10.0 + (t-t_i)^{0.6}} \quad (3.21)$$

式中:H——环境相对湿度(%);

t——混凝土的成熟度(d);

t_i——加载时的混凝土龄期(d),采用蒸汽或辐射热加速养护的 1d 等于普通养护的 7d;

k_c——体积和表面比对徐变的影响系数,表面积仅包括暴露于大气中的干燥的面积,对于通风很差的密封小室,在计算表面积时仅使用内部周长的 50%;

k_f——计入混凝土强度影响的系数,$k_f = 62/(42 + f_c')$;

f_c'——混凝土 28d 抗压强度(MPa)。

(6)G-Z 模型

G-Z 模型由 Gardner 和 Zhao 在 1993 年提出了 G-Z(1993)模型[90],该模型在徐变系数计算时考虑了龄期、构件尺寸、相对湿度、混凝土 28d 平均抗压强度、加载时混凝土抗压强度的影响。该模型对徐变系数计算的数学表达式为:

$$\varphi(t,t_0) = \left[\frac{7.27 + \ln(t-t_0)}{17.18}\right] \times$$

$$\left\{1.57 + 2.98\left(\frac{f_{cm28}'}{f_{cmt0}'}\right)\left(\frac{25}{f_{cm28}'}\right)^{0.5}(1-h^2)\left[\frac{t-t_0}{t-t_0 + 0.1 \times \left(\frac{V}{S}\right)^2}\right]\right\}$$

$$(3.22)$$

式中:t——混凝土计算龄期(d);

t_0——混凝土加载龄期(d);

V/S——混凝土构件体表比(mm);

h——环境相对湿度,以小数表示;

f_{cm28}'——混凝土龄期为 28d 时的平均抗压强度(MPa);

f_{cmt0}'——混凝土加载龄期 t_0 时的平均抗压强度(MPa)。

3.2 试验梁跨中截面徐变

3.2.1 跨中截面上边缘徐变应变及总应变

二次加载后对四片试验梁跨中截面的弯曲应变徐变值 ε_{cr} 进行了约 600d 的

观测,绘制了四片梁的跨中截面上边缘混凝土徐变应变和总应变的时程曲线,如图 3.3、图 3.4 所示;并对比了试验梁不同代表性持荷时刻的徐变应变与初始弹性应变的比值及徐变应变与同期总应变的比值,如表 3.1 所示。

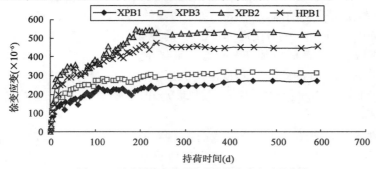

图 3.3　试验梁跨中截面上边缘徐变应变时程曲线

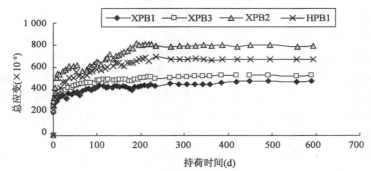

图 3.4　跨中截面上边缘总应变时程曲线

试验梁不同持荷时间的徐变值分析　　　表 3.1

持荷时间 (d)	对比指标	室内梁		室外梁	
		XPB1	XPB3	XPB2	HPB1
0	$\sigma_c^t(\text{MPa})$	7.11	7.60	8.67	7.61
30d	$\varepsilon_{cr}/\varepsilon_1$	58%	83%	119%	119%
	$\varepsilon_{cr}/(\varepsilon_1+\varepsilon_{cr})$	36%	47%	55%	52%
180	$\varepsilon_{cr}/\varepsilon_1$	95%	120%	167%	192%
	$\varepsilon_{cr}/(\varepsilon_1+\varepsilon_{cr})$	50%	58%	66%	66%
365d	$\varepsilon_{cr}/\varepsilon_1$	121%	141%	191%	200%
	$\varepsilon_{cr}/(\varepsilon_1+\varepsilon_{cr})$	54%	66%	58%	66%
约600	$\varepsilon_{cr}/\varepsilon_1$	133%	144%	197%	205%
	$\varepsilon_{cr}/(\varepsilon_1+\varepsilon_{cr})$	54%	66%	58%	66%

注:σ_c^t-上边缘应力;ε_1-加载瞬时弹性应变值;ε_{cr}-不同持荷时刻的徐变值。

由表 3.1 可知,四片梁 XPB1、XPB2、XPB3 及 HPB1 二次加载后跨中截面上边缘混凝土压应力分别为 7.11MPa、8.67 MPa、7.60 MPa、7.61 MPa。从图 3.3 中看出,由于受压边缘混凝土压应力值的差异,试验梁持荷相同时刻的徐变应变亦不相同,且随着应力的增大而增大,如 XPB2 的徐变应变最大,XPB1 的徐变应变最小,XPB3 与 HPB1 应力接近,但 XPB3 的混凝土强度等级较 HPB1 高,且环境条件不同,上边缘截面非预应力筋配筋率存在差异,故 XPB3 比 HPB1 徐变应变小。由于环境条件的差异对测量误差的影响,图 3.3 中,室外梁 XPB2、HPB1 比室内梁 XPB1、XPB3 徐变时程曲线波动大,但试验梁的徐变时随特征基本相同。

二次加载后的前 6 个月,跨中截面上边缘混凝土徐变发展较快:持荷 30d 时,XPB1、XPB2、XPB3 及 HPB1 徐变应变值分别为 118、320、182、253(单位均为 $\times 10^{-6}$),约占第一年徐变总量的 60%。根据文献[55]可知,混凝土徐变一般可持续 70 年方能终止,且第一年的徐变值约为 70 年徐变终值的 71%。因此可估计出,持荷 30d 徐变值约为总徐变的 40%。持荷 90d 时,XPB1、XPB2、XPB3 及 HPB1 徐变应变值分别为 196、365、230、349(单位均为 $\times 10^{-6}$),约为第一年徐变应变总量的 70%,约占徐变应变终值的 50%。持荷 180d 时,试验梁徐变应变约为第一年徐变总量的 80%,约占徐变终值的 60%。持荷第一年的徐变总量约占持荷 600d 时的徐变总量 95%,而后徐变发展更趋缓慢,并趋于稳定。

对试验梁上边缘跨中截面,由于应力值差异,试验梁初始弹性应变值亦不相同。加载后 XPB1、XPB2、XPB3 及 HPB1 初始弹性应变值分别为 203、267、217、221(单位均为 $\times 10^{-6}$)。从表 3.1 中可以看出,持荷 30d 后,四片梁徐变应变约占同期总应变的比值分别为 36%、55%、47% 及 52%,与初始弹性应变的比值分别为 58%、119%、83% 及 119%;持荷 180d 后,四片梁徐变应变约占同期总应变的比值分别为 50%、66%、58% 及 66%,与初始弹性应变比值分别为 95%、167%、120% 及 192%。持荷一年后,四片梁徐变应变约占同期总应变的比值分别为 54%、66%、58% 及 66%,与初始弹性应变比值分别为 121%、191%、141% 及 200%。持荷约 600d 时,四片梁徐变应变约占同期总应变的比值分别为 54%、66%、58% 及 66%,与其初始弹性应变的比值分别为 133%、197%、144% 及 205%。

从图 3.4 及上述几个有代表性时段的徐变应变数值分析中看出,预应力梁随持荷时间的增加,徐变应变与同期总应变的比值、徐变应变与初始弹性应变的比值均趋于稳定。四片梁徐变应变与同期总应变的比值、徐变应变与初始弹性应变的比值皆分成两组,室内梁 XPB1、XPB3 的两类比值均较接近,室外梁 XPB2、HPB1 的两类比值比较接近;但室内梁与室外梁的上述两类比值的数值间存在较大差异,说明环境条件对预应力混凝土梁的徐变应变有较大影响。

3.2.2　跨中截面不同高度处的徐变应变

对 4 片试验梁跨中截面底部非预应力纵筋高度处、$h/4$、$h/2$、$3h/4$(h 为梁截面高度)及上边缘处的加载初始应变和徐变应变进行量测,得到不同时段试验梁沿梁截面高度分布的应变值,如图 3.5 所示。

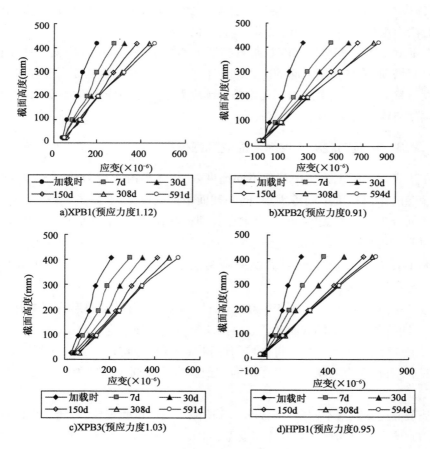

图 3.5　试验梁跨中截面不同时段徐变应变图

从图 3.5 中看出,四片梁跨中截面徐变应变规律基本一致。由于梁跨中截面下边缘压应力或拉应力较小,上边缘压应力相对较大,因此,在加载初期上边缘应变增加较多,下边缘应变稍有增加。随着持荷时间的增加,截面上缘徐变应变增加的速率逐渐减小,下边缘徐变应变趋于稳定或增加微小。

综合四片梁跨中不同高度截面的徐变应变发展情况,考虑到手持千分尺测量应变时的精度以及测量误差均可能导致了个别测点数据有波动,可以推定,预应力梁在长期荷载作用下,其横截面的徐变应变符合平截面假定。

预应力度值大小关乎着梁上、下边缘的混凝土应力状态,进而对试验梁跨中截面中和轴的位置及其移动情况有较大影响。从图 3.5 看出,对全预应力梁 XPB1、XPB3,加载初期,名义中和轴在梁身之外,随着加载时间增加,混凝土徐变引起内力重分布使中和轴向梁身移动,但仍在梁身之外。

对部分预应力 XPB2 、HPB1,加载初期中和轴在沿梁高度截面偏下处,随着持荷时间增加,徐变作用引起的内力重分布等原因,中和轴沿截面高度方向有一定程度下移,但仍在梁身之内。无论是全预应力梁还是部分预应力梁,其中和轴移动幅度与预应力度值的大小有关。

3.2.3 预应力混凝土梁徐变应变几何模型

在预应力混凝土梁跨中截面不同高度处,由于混凝土应力状态、纵筋配筋率对徐变的约束程度不同等因素,同一截面不同高度处的徐变应变亦不相同。试验数据及理论分析表明:预应力梁在长期荷载作用下,横截面徐变应变符合平截面假定,且横截面中和轴会随着持荷时间的增加而移动,移动幅度与预应力度大小有关[82,83]。因此,结合文献资料及前期科研成果[55,66],可作出如下假定:

假定一:对于跨高比介于 $5 \sim 40 (5 \leqslant l/h \leqslant 40)$、受力后小变形的预应力混凝土梁,长期荷载作用下横截面在任意时刻均符合平截面假定;

假定二:混凝土徐变性能符合均匀性和各项同性假定;

假定三:预应力混凝土梁普通钢筋和预应力筋与同一高度处的混凝土变形协调。

基于上述三点基本假定,结合图 3.5 所显示出的试验现象,可建立全预应力梁和部分预应力梁的徐变应变几何模型,如图 3.6 所示。由图 3.6 可看出,预应力梁在混凝土应力绝对值相对较小一侧的徐变值比应力较大一侧的徐变值要小得多,这与前期科研工作者研究结论一致。

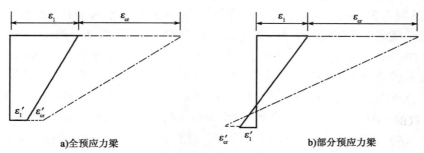

a)全预应力梁　　　　　　　　　　b)部分预应力梁

图3.6　预应力混凝土梁徐变应变几何模型

（图中各符号含义为：ε_1、ε_1' 分别为梁加载瞬时上、下边缘的弹性应变值；ε_{cr}、ε_{cr}' 分别为梁在持续荷载作用下上、下边缘的徐变应变值）

3.3　折线先张梁徐变系数模式

3.3.1　试验研究

对四片试验梁持续加载约 600d，依据试验实测数据和徐变系数的定义，绘制了试验梁跨中截面上边缘混凝土徐变系数时程曲线，如图 3.7 所示；试验梁不同持荷时刻的徐变系数试验值如表 3.2 所示。

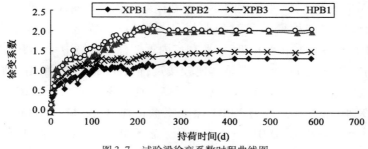

图3.7　试验梁徐变系数时程曲线图

试验梁不同持荷时间的徐变系数　　　　　　　　　表3.2

持荷时间	室 内 梁		室 外 梁	
（d）	XPB1（$\lambda=1.12$）	XPB3（$\lambda=1.03$）	XPB2（$\lambda=0.91$）	HPB1（$\lambda=0.95$）
30	0.58	0.86	1.20	1.22
180	1.05	1.24	1.90	1.90
360	1.21	1.43	1.99	1.97
约600	1.33	1.48	2.02	2.06

注：λ 即为试验梁的预应力度值，计算依据见第 4 章 4.1 节。

从图 3.7 中看出,四片梁徐变系数时程规律基本相同:加载初期徐变系数增加较快,随着持荷时间的增加,徐变系数增速减缓而逐步收敛。结合表 3.2 知,持荷 30d 时,XPB1、XPB2、XPB3、HPB1 的徐变系数分别为 0.58、1.20、0.86、1.22,约占持荷 600d 徐变系数的 43%、60%、53%、58%;持荷 180d 时,XPB1、XPB2、XPB3、HPB1 的徐变系数分别为 1.05、1.90、1.24、1.90,约占持荷 600d 徐变系数的 84%、96%、84%、94%;持荷 360d 时,四片梁徐变系数分别为 1.21、1.99、1.43、1.97,约占持荷 600d 时徐变系数的 91%、98%、96%、96%;至加载约 600d 后,XPB1、XPB2、XPB3、HPB1 的徐变系数分别为 1.33、2.02、1.48、2.06,徐变系数值增加较少且趋于稳定。

试验梁由于预应力度的差异,梁截面上、下边缘应力差值亦不相同,对试验梁徐变系数值影响较大。放置在室内近似标准环境中的两片梁,由于 XPB3 比 XPB1 的预应力度约大 10%,由图 3.7 可知,XPB3 比 XPB1 徐变系数大:持荷 180d 后,XPB3 的徐变系数约为 XPB1 的 1.07 倍;加载 600d 后,XPB3 的徐变系数约为 XPB1 的 1.11 倍,并趋于稳定。搁置在室外环境中的两片梁,HPB1 预应力度值比 XPB2 约大 4%,预应力度比较接近,持荷 90d 时,HPB1 的徐变系数约为 XPB2 的 1.08 倍;持荷约 600d 后,XPB2 与 HPB1 的徐变系数大致相等,且两者的系数值均趋于稳定。

从图 3.7 中看出,徐变系数同徐变度和徐变函数时程曲线一样,由于加载环境的差异,试验梁的徐变系数时程曲线分为两组:搁置室外自然环境中的梁 XPB2、HPB1,徐变系数比较接近;搁置在室内近似标准环境中梁 XPB1、XPB3,徐变系数虽有一定程度的差异,但总体比较接近;但在持荷时间相同的情况下,室外梁的徐变系数比室内梁的徐变系数大得多。持荷 30d 时,XPB2、HPB1 的徐变系数约为 XPB1 的 2 倍,约为 XPB3 徐变系数的 1.4 倍;持荷 180d 时,XPB2、HPB1 的徐变系数约为 XPB1 的 1.8 倍,约为 XPB3 徐变系数的 1.6 倍;持荷 600d 时,XPB2、HPB1 的徐变系数约为 XPB1 的 1.5 倍,约为 XPB3 徐变系数的 1.4 倍;并随着持荷时间增加,室外梁与室内梁的徐变系数比值趋于稳定。这与第 3 章 3.4 节中对试验梁徐变度和徐变函数时程曲线研究获取的结论是一致的。

因此,结合试验梁的徐变应变、徐变度和徐变函数的时程曲线研究结果可知:对预应力混凝土梁而言,构件的持荷时间、预应力水平及使用环境条件等对预应力混凝土梁的徐变影响较大,钢束线形对其徐变影响较小。其中环境条件对徐变性能的影响尤为明显。

3.3.2　徐变系数时程规律

混凝土在加载龄期 t_0 确定的情况下,持荷时间 $(t\text{-}t_0)$ 是影响混凝土徐变系数时程规律的主要参数。从试验梁徐变系数时程曲线可看出,随持荷时间增加,三片折线先张梁的徐变系数值均趋向收敛。我们可以推测:折线先张梁的徐变系数存在终极值。对试验梁徐变系数的时程规律进行研究,采用了大型数值拟合软件 Datifit 进行拟合;经过多次试算和数理分析,并参考 1964 年勃朗诵(D. E. Branson)等提出的双曲线幂函数的徐变系数表达式,以及美国 ACI209R(92)委员会和我国建科院"86 成果"模式的建议,选择双曲线幂函数作为折线先张梁徐变系数时程规律中时间函数表达式。

三片折线先张试验梁徐变系数试验值与拟合方程的计算值如图 3.8 所示。拟合值与试验值精度分析如表 3.3 所示。

从图 3.8 中看出,对折线先张梁,采用双曲线幂函数作为徐变系数与加载持续时间函数的方程,拟合值与试验值十分接近,说明采用双曲线幂函数形式的徐变系数方程可比较客观地反映了折线先张梁徐变系数的时程规律。采用 Datafit 软件分析拟合方程的数值指标如表 3.3 所示,拟合公式的标准差较小,相关系数较高,说明拟合方程具有较高的精度。

<table>
<tr><td colspan="2">徐变系数拟合方程数值指标</td><td></td><td>表 3.3</td></tr>
<tr><td>梁编号</td><td>拟合公式</td><td>标准差</td><td>相关系数</td></tr>
<tr><td>XPB1</td><td>$1.52k_t$</td><td>0.061</td><td>0.962</td></tr>
<tr><td>XPB2</td><td>$2.35k_t$</td><td>0.141</td><td>0.923</td></tr>
<tr><td>XPB3</td><td>$1.78k_t$</td><td>0.044</td><td>0.981</td></tr>
</table>

注:$k_t = \dfrac{(t-t_0)^{0.6}}{8+(t-t_0)^{0.6}}$。

3.3.3　徐变系数"多系数"法表达式

根据对试验梁徐变应变、徐变度、徐变函数及徐变系数四个参数的时程曲线分析可知,预应力梁弯曲应变徐变值的主要影响因素有加载持续时间、环境因素、预应力水平(预应力度值)等指标;通过对比折线先张梁与曲线后张梁徐变系数时程规律,可推证预应力束筋的线形对徐变性能影响不大。

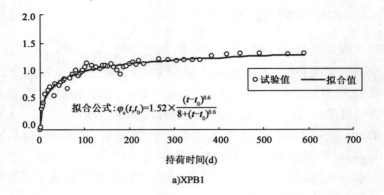

a)XPB1

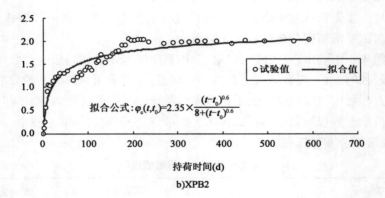

b)XPB2

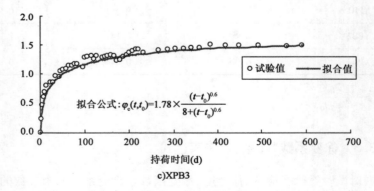

c)XPB3

图3.8 折线先张梁徐变系数试验值与拟合方程计算值

许多科研工作者前期研究表明,构件截面形状及几何尺寸、构件加载时混凝土龄期、混凝土强度、预应力梁受压与受拉区含钢率指标及含钢率数之差异等因素,均会影响预应力混凝土梁的徐变性能。考虑到预应力混凝土梁徐变系数诸多影响因素的多样性、复杂性及随机性,本文以对折线先张梁徐变试验数据的研究为基础,结合前期科研成果对徐变影响因素的分析及量化情况[85,87,89,91,92,93],对采用普通混凝土的折线先张法预应力混凝土梁,建立了"多系数法"徐变系数表达式:

$$\varphi_c(t,t_0) = k_0 \cdot k_d \cdot k_v \cdot k_{RH} \cdot k_c \cdot k_t \cdot k_s \cdot \varphi_c(\infty,28) \qquad (3.23)$$

式中：$\varphi_c(t,t_0)$——龄期 t_0(d)开始受力至混凝土龄期 t(d)时的徐变系数值;

$\varphi_c(\infty,28)$——近似标准条件下(温度20℃±3℃,相对湿度为80%左右),加载龄期28d时混凝土梁的弯曲应变徐变系数终极值;对于折线先张梁,根据试验数值分析结果,建议取 $\varphi_c(\infty,28)$ = 2.25;

k_0——考虑预应力水平等应力因素有关的综合性影响系数,对折线先张梁建议取 $k_0 = 1.25/\lambda$,λ 为梁的预应力度值;

k_d——混凝土加载龄期的影响系数,具体取值如表3.4所示;

k_v——构件截面尺寸的影响系数,具体取值如表3.5所示;

k_{RH}——环境湿度的影响系数,具体取值如表3.6所示;

k_c——混凝土强度影响系数,可参考表3.7;

k_t——持荷时间对徐变的影响系数,依据对三片折线先张梁的试验数据采用 Datafit 软件进行数值分析的结果,建议取 $k_t = \dfrac{(t-t_0)^{0.6}}{8+(t-t_0)^{0.6}}$;

k_s——预应力筋和非预应力筋的综合影响系数;根据文献[93]研究成果,可取 k_s:

$$k_s = \frac{1+2.8(1-n)\alpha\rho_s}{1+2.8\alpha(\rho_p r_{p,p}+\rho_s)} - 0.02\frac{\sigma_{pr}(t)}{\sigma_{cp}(t_0)}$$

n——加载时非预应力筋与预应力筋重心处混凝土瞬时应力的比值;

$\sigma_{pr}(t)$、$\sigma_{cp}(t_0)$——预应力筋固有松弛损失和加载时预应力筋重心处混凝土的瞬时应力;

α——预应力筋和非预应力筋的弹性模量之和的平均值与混凝土弹模之比;

ρ_s、ρ_p——非预应力筋与预应力筋在混凝土全截面的配筋率;

$r_{p,p} = 1 + e_p^2/r_c^2, e_p、r_c$——预应力筋重心至混凝土截面重心的距离和混凝土截面的回转半径。对折线先张梁,按工程实际情况和构造要求配预应力筋和非预应力筋进行试算,结果表明 k_s 取值一般在 $0.75 \sim 0.95$;为了方便工程应用,并考虑折线先张梁工程应用时实际配筋情况,建议对折线先张梁的含钢率影响系数 k_s 统一取 0.9。

因此,本书建议,对采用普通混凝土的折线先张梁,徐变系数计算模式可采用"多系数法"徐变系数表达式:

$$\varphi_c(t,t_0) = \frac{2.53}{\lambda} \cdot k_d \cdot k_v \cdot k_{RH} \cdot k_c \cdot \frac{(t-t_0)^{0.6}}{8+(t-t_0)^{0.6}} \tag{3.24}$$

加荷时混凝土龄期对影响的徐变系数修正系数 k_d 表 3.4

混凝土加荷龄期(d)	1	3	7	14	28	90
k_d	1.7	1.3	1.2	1.1	1	0.8

注:加荷龄期与表中数值不符者可按线性插值求得。

构件截面尺寸影响的徐变系数修正系数 k_v 表 3.5

V/S(mm)	20	25	37.5	50	100	150	大体积混凝土
k_v	1.20	1.00	0.95	0.90	0.80	0.65	0.40

注:V/S 计算数值和表中不同者可按线性插值求得。

构件使用环境湿度影响的徐变修正系数 k_{RH} 表 3.6

环境相对湿度 RH(%)	干燥条件(40)	正常条件(60)	潮湿条件(80)
k_{RH}	1.3	1	0.75

混凝土强度影响的徐变修正系数 k_c 表 3.7

混凝土强度	C50	C40	C30	C20
k_c	1.00	1.14	1.43	1.64

3.3.4 "多系数"法徐变系数计算模式的误差分析

混凝土徐变影响因素较多,不同徐变系数计算模式所考虑的因素也不相同,甚至同一因素在不同模式中的量化指标亦不一致,混凝土徐变及其对结构性能影响的预计和控制是十分复杂而又难以获得精确解的问题。正如美国混凝土学会 ACI 第 209 委员会在 1982 年的报告所指出的那样:几乎所有影响收缩、徐变的因素,连同他们所产生的结果本身就是随机变量。本文采用我国工程常用的规范 JTG D62—2004 模式、ACI 209R(92)模式、我国建科院"86 成果"、本文式(3.24)及本试验中试验梁徐变系数拟合方程值,对 XPB1、XPB2、XPB3 徐变系数时程规律及徐变系数终值进行了计算,并对式(3.24)的计算精度进行了分析,指出了工程应用时采用式(3.24)计算折线先张梁徐变系数的可行性。

1)不同计算模式对试验梁徐变系数的计算

(1)采用我国桥规 JTG D62—2004 模式计算

根据试验梁实际尺寸、材料构成及加载环境的实际情况,依据 JTG D62—2004 附录 F 的相关规定,对三片折线先张梁徐变系数及其相关系数进行了计算,如表 3.8 所示。表 3.8 中各符号的含义同式(3.17)中的规定。从式(3.17)可以看出,$\beta_c(t-t_0) < 1$,当持荷龄期$(t-t_0)/t_1 \to \infty$ 时,$\beta_c(t-t_0) \to 1$,此时徐变系数 $\varphi(t,t_0) \to \varphi_0$,因此,$\varphi_0$ 即为持荷龄期$(t-t_0)/t_1 \to \infty$ 时徐变系数终极值。

按规范 JTG D62—2004 计算的徐变系数计算　　表 3.8

梁编号	RH/RH_0	h/h_0	f_{cm}/f_{cm0}	t_0/t_1	φ_{RH}	$\beta(f_{cm})$	$\beta(t_0)$	β_N	φ_0
XPB1	0.75	1.33	5.21	35	1.49	2.32	0.466	545.9	1.62
XPB2	0.55	1.33	4.79	32	1.89	2.42	0.473	450.0	2.16
XPB3	0.75	1.33	5.22	35	1.49	2.32	0.466	545.9	1.62

(2)采用 ACI 209R(92)模式计算

根据试验梁的实际尺寸、材料构成及加载环境的实际情况,采用 ACI 209R(92)中规定的徐变系数计算模式对三片折线先张梁进行徐变系数影响因素及其终值的计算如表 3.9 所示。

在 ACI209R(92)模式下试验梁极限徐变系数影响因素计算　　表 3.9

梁编号	K_1	K_2	K_3	K_4	K_5	K_6	$\varphi(\infty)$
XPB1	0.8230	0.77	0.93	1.322	0.9664	1.000	1.75
XPB2	0.8304	0.94	0.93	1.322	0.9664	1.000	2.16
XPB3	0.8230	0.77	0.93	1.322	0.9664	1.000	1.75

说明:表中各系数的含义及其计算式如式(3.18)所示。

(3)采用我国建科院"86 成果"计算

根据试验梁的实际情况,采用我国建科院"86 成果"对三片折线先张梁徐变系数的影响因素指标进行了计算,如表 3.10 所示。

我国"86 成果"模式下试验梁徐变系数影响因素的计算　　　表 3.10

梁编号	k_1	k_2	k_3	k_4	k_5
XPB1	0.81	0.87	1.00	0.96	0.85
XPB2	1.08	0.87	1.00	0.98	0.85
XPB3	0.81	0.87	1.00	0.96	0.85

注:各系数的含义同式(3.19),本试验梁的 k_6 计算时未作考虑。

(4)采用式(3.24)模式计算

根据式(3.24)中折线先张梁徐变系数计算公式,对折线先张梁 XPB1、XPB2、XPB3 的徐变系数进行了计算,计算结果如表 3.11 所示。

试验梁按式(3.24)计算徐变系数计算　　　表 3.11

梁编号	k_0	k_d	k_v	k_H	$\varphi_c(t,t_0)$
XPB1	1.12	0.96	0.87	0.81	$1.53k_t$
XPB2	1.36	0.98	0.87	1.06	$2.49k_t$
XPB3	1.22	0.96	0.87	0.81	$1.67k_t$

注:$k_t = \dfrac{(t-t_0)^{0.6}}{8+(t-t_0)^{0.6}}$。

2)试验梁不同计算模式下徐变系数的对比及误差分析

以徐变系数的拟合方程值及其 ±10% 值为参照,采用 JTG D62—2004 模式、ACI209R(92)模式、我国建科院"86 成果"及本文式(3.24),对本试验三片折线先张梁徐变系数时程值进行了对比分析,如图 3.9a)~c)所示。对三片折线先张梁在不同徐变系数计算模式下,对持荷 70 年的徐变系数 $\varphi_c(t,t_0)$ 终值的预测值进行了对比分析,如表 3.12 所示。

从图 3.9a)中可看出,对 XPB1 徐变系数的计算,式(3.24)模式、模式 JTG D62—2004 计算结果比较接近,与梁试验数据拟合方程计算值大致相等。采用 ACI209R(92)模式,在加载前 30d,比我国建科院"86 成果"的计算结果偏高;持续加载 300d 后,两者的计算结果趋于一致,但两种模式与梁徐变系数试验值的拟合方程计算值相比,误差均在 +10% 左右。从表 3.12 中看出,对 XPB1 持续加载 70 年的徐变系数终值进行预测,以试验数据为基础的拟合方程计算结果为 1.49,采用式(3.24)模式、ACI209R(92)模式、我国建科院"86 成果"和 JTG D62—2004 模式计算的徐变系数终值分别为 1.50、1.71、1.80、1.62,与拟合公式计算值的终值比为 1.01、1.15、1.21、1.09。式(4.26)模式与拟合公式计算结果较接近,除 ACI209R(92)模式的误差达 15% 之外,其他几种计算模式的误差均在 10% 左右,说明这几种常用计算模式中,式(3.24)模式的计算结果较其他模式准确。

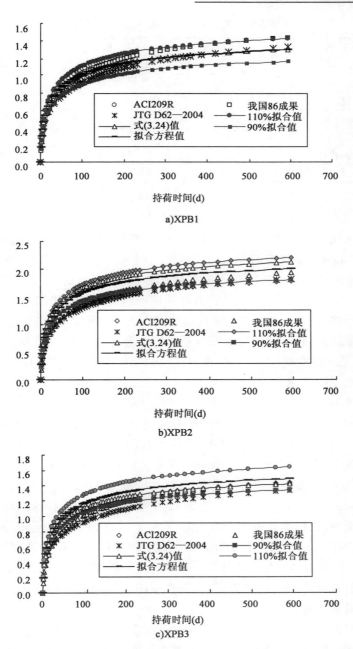

a)XPB1

b)XPB2

c)XPB3

图3.9 试验梁不同徐变系数计算模式对照图

不同徐变计算模式下徐变系数的 70 年预测值   表 3.12

梁号	XPB1	XPB2	XPB3
①拟合公式	1.49	2.34	1.72
②式(3.24)	1.50	2.45	1.64
②/①	1.01	1.05	0.96
③ACI209R(92)	1.71	2.11	1.71
③/①	1.15	0.90	0.99
④我国 86 模式	1.80	2.43	1.80
④/①	1.21	1.04	1.05
⑤ JTG D62—2004	1.62	2.16	1.62
⑤/①	1.09	0.92	0.94

从图 3.9b) 中可看出, 对 XPB2 的徐变系数, 采用 ACI209R(92) 模式与 JTG D62—2004 模式的计算结果比较接近, 但与拟合方程计算值相比, 误差均超过了拟合值的 -10%。采用我国建科院"86 成果"计算时, 在加载初期误差加大, 300d 后计算值与拟合公式计算值比较接近。式(4.26) 模式对 XPB2 徐变系数的计算值略大, 误差在 +7% 左右。从表 3.12 中看出, 对 XPB2 持续加载 70 年徐变系数终值预测, 以试验数据为基础的拟合方程计算结果为 2.34, 采用式 (3.24) 模式、ACI209R(92) 模式、我国建科院"86 成果"和 JTG D62—2004 模式计算的徐变系数终值分别为 2.46、2.11、2.43、2.16, 与拟合公式计算终值比为 1.05、0.9、1.04、0.92; 式(3.24) 模式、我国建科院"86 成果"、拟合方程计算结果基本接近, ACI209R(92) 模式、JTG D62—2004 模式的计算误差均在 10% 左右。

从图 3.9c) 中可看出, 对 XPB3 徐变系数的计算, 式(3.24) 模式、ACI209R (92) 模式均与拟合方程的计算值接近, 误差在 -5% 左右。JTG D62—2004 模式与我国建科院 86 模式比拟合公式的计算结果偏低, 与拟合方程计算值相比, 误差均超过 -10%, 接近 -15%。从表 3.12 中看出, 对 XPB3 持续加载 70 年徐变系数终值预测, 采用拟合方程的计算结果为 1.72, 式(3.24) 模式、ACI209R 模式、我国建科院"86 成果"和 JTG D62—2004 模式计算的徐变系数终值分别为 1.67、1.71、1.80、1.62, 与拟合公式计算终值比为 0.97、0.99、1.05、0.94, 几种模式与拟合公式计算结果较接近, 误差均在 ±10% 以内, 说明采用式(3.24) 模式的计算结果是可靠的。

综合图 3.9a)、b)、c) 及表 3.12 可知, 采用 ACI209R(92) 模式、我国建科院"86 成果"和 JTG D62—2004 模式对折线先张梁的计算结果不稳定, 有时符合较好, 有时误差超过 -20%, 但总体上可满足工程需要。对于工程应用中对徐变变形预测值要求较为准确的折线先张梁,采用式(3.24)模式计算徐变系数的误差均在 ±10% 范围内,其计算精度较其他几种计算模式高。因此可以认为:采用式(3.24)模式作为折线先张梁徐变系数计算模式,其预测精度可满足高速行车对公路及铁路桥梁平顺度要求。

3.4　试验梁跨中截面长期挠度

对预应力梁类构件的徐变性能,长期挠度是人们最关心的桥梁徐变效应之一。长期挠度增量既有混凝土徐变因素,又有混凝土收缩变形、预应力松弛损失,以及收缩徐变与预应力时随损失耦合等因素共同引起的挠度改变。本节对四片试验梁长期挠度系数研究,分析了环境条件、预应力度、钢束线形等因素对预应力梁长期挠度系数的影响。通过对三片折线先张梁长期挠度系数时程规律进行研究,建立了以试验数据为依据、以"先天理论"为理论基础、只考虑加载持续时间因素的折线先张梁"单因素法"长期挠度系数计算公式。

3.4.1　长期挠度时程规律

对四片试验梁跨中挠度 $f_1(t, t_0)$ 进行了长约 600d 的观测,绘制了试验梁在预应力和二次荷载共同作用下跨中挠度增量时程关系曲线和跨中长期总挠度时程关系曲线,如图 3.10a)、b)所示。试验梁不同持荷时间的挠度增量值分析如表 3.13 所示。

试验梁不同持荷时间的挠度增量值　　　　　　　表 3.13

持荷时间(d)	指　标	室　内　梁		室　外　梁	
		XPB1	XPB3	XPB2	HPB1
0	上边缘应力 σ_c^t (MPa)	7.11	7.60	8.67	7.61
30	$\Delta f/f_0$	77%	99%	80%	95%
	$\Delta f/f_{365}$	48%	54%	53%	56%
90	$\Delta f/f_0$	118%	126%	105%	113%
	$\Delta f/f_{365}$	73%	68%	69%	65%
180	$\Delta f/f_0$	129%	137%	130%	141%
	$\Delta f/f_{365}$	80%	77%	86%	5%
约 600	$\Delta f/f_0$	179%	214%	171%	155%
	$\Delta f/f_{365}$	111%	118%	113%	105%

注:Δf-挠度增量;f_0-瞬时弹性挠度;f_{365}-持荷365d时的挠度增量。

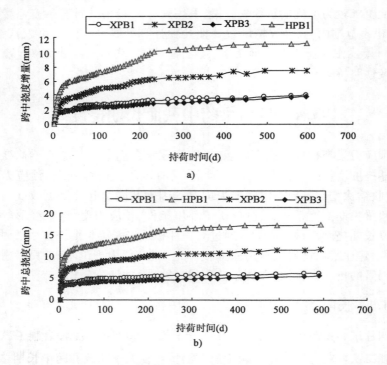

图 3.10　试验梁跨中挠度增量和跨中总挠度时程曲线

从图 3.10 和表 3.13 中均可看出,试验梁的有效预应力与二次荷载值不一致,将导致梁跨中初始挠度存在差异, XPB1、XPB2、XPB3 及 HPB1 初始弹性挠度值分别为 2.24mm、4.37mm、1.80mm 及 6.08mm。试验梁持荷初期,跨中截面挠度增量较快,尔后挠度发展变缓,并趋于稳定。持荷前 30d, XPB1、XPB2、XPB3 及 HPB1 挠度增加值分别为 1.74mm、3.52mm、1.79mm 及 5.77mm,分别约占第一年挠度增量的 48%、53%、54%、56%;约为初始弹性挠度的 77%、80%、99%、95%。根据规范 CEB-FIP MC90,取第一年的挠度增量值约为挠度增量终值的 71%,则持荷前 30d 的挠度增量约为挠度增量终值的 36%。持荷 90d 时,XPB1、XPB2、XPB3 及 HPB1 挠度增加值分别为 2.65mm、4.55mm、2.28mm 及 6.93mm,分别约占第一年挠度增量的 73%、69%、68%、65%;约为初始弹性挠度的 118%、105%、126%、113%;约为挠度增量终值的 50%。

持荷 180d 时, XPB1、XPB2、XPB3 及 HPB1 挠度增加值分别为 2.91mm、5.70mm、2.47mm 及 8.60mm,分别约占第一年挠度增量的 80%、86%、77%、85%;约为初始弹性挠度的 129%、130%、137%、141%;约为挠度增量终值的

60%。持荷约 600d 时,XPB1、XPB2、XPB3 及 HPB1 挠度增加值分别为 4.03mm、7.46mm、3.86mm 及 11.24mm,分别约为第一年挠度增量的 111%、113%、118%、105%;约为初始弹性挠度的 179%、171%、214%、185%;约为挠度增量终值的 80%。

从上述数据分析可看出,四片梁跨中挠度增量与同期总挠度的比值、跨中挠度增量与初始弹性挠度的比值在加载初期增加较快,随着持荷时间增加,两比值均趋于稳定。长期挠度时程规律与徐变应变时程规律并不完全一致;试验梁的长期挠度亦不像徐变应变受环境条件的影响而分成两组,表明环境因素对预应力梁长期挠度的影响不显著,长期挠度受荷载因素影响较环境因素影响大得多。

3.4.2 长期挠度系数时程规律

(1)长期挠度系数时程曲线

根据试验过程中测定跨中瞬时弹性挠度、长期挠度及长期挠度系数的定义,绘制了四片试验梁的长期挠度系数时程曲线,如图 3.11 所示。根据试验实测数据,选取了几个代表性时间段的长期挠度系数进行了对比,如表 3.14 所示。

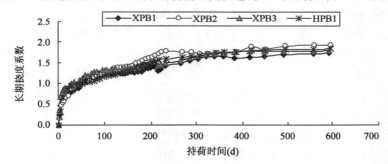

图 3.11 试验梁长期挠度系数时程曲线

试验梁不同时段长期挠度系数试验值对照 表 3.14

加载时间(d)	7	30	90	180	360	590
①XPB1	0.63	0.82	1.21	1.30	1.67	1.75
②XPB2	0.50	0.88	1.22	1.53	1.76	1.94
②/①	**0.79**	**1.07**	**1.01**	**1.18**	**1.05**	**1.11**
③XPB3	0.79	1.02	1.31	1.43	1.75	1.81
③/①	**1.25**	**1.24**	**1.08**	**1.10**	**1.05**	**1.03**
④HPB1	0.50	0.87	1.08	1.29	1.60	1.82
④/①	**0.79**	**1.06**	**0.89**	**0.99**	**0.96**	**1.04**
②/④	**1.00**	**1.01**	**1.13**	**1.19**	**1.10**	**1.07**

从图 3.11 中看出:试验梁跨中长期挠度系数发展规律与跨中截面上边缘的徐变系数时程规律相似。初期发展较快,持荷 30d 时,试验梁 XPB1、XPB2、XPB3、HPB1 长期挠度系数分别占持荷约 600d 长期挠度系数的 46%、46%、53%、50%。持荷 300d 时,长期挠度系数分别占持荷约 600d 的长期挠度系数的 87%、88%、92%、91%,而后徐变系数变化值很小,试验梁的长期挠度系数值趋于稳定。

由于加载环境条件的差异,放置在室外环境中的梁 XPB2、HPB1,其长期挠度系数比放置在室内近似标准条件的 XPB1、XPB3 值略大。但同图 3.7 中试验梁徐变系数时程曲线对比可看出,试验梁长期挠度系数时程曲线并不像徐变系数时程曲线那样受环境因素的影响而明显分为两组。

从表 3.14 中看出,试验梁持荷前 90d,四片梁长期挠度系数差值较大,试验梁之间的长期挠度系数比值也不确定;持荷 90d 后,梁之间长期挠度系数比值较接近,且趋于稳定。持荷 180d 时,XPB2、XPB3、HPB1 与 XPB1 的长期挠度系数比值分别是 1.18、1.10、0.99;室外梁 HPB1 与同环境 XPB2 长期挠度系数比为 1.19。持荷 360d 时,XPB2、XPB3、HPB1 与 XPB1 长期挠度系数比值分别是 1.05、1.05、0.96;室外梁 HPB1 与同环境 XPB2 长期挠度系数比为 1.10。持荷约 600d 时,XPB2、XPB3、HPB1 与 XPB1 的长期挠度系数比值分别是 1.11、1.03、1.04;室外梁 HPB1 与同环境 XPB2 长期挠度系数比为 1.07。

从力学角度看,对梁类构件,计算截面的应力状态直接影响徐变挠度值,进而影响长期挠度。对预应力梁而言,影响上、下边缘应力差值的一个重要指标就是预应力度值,试验梁 XPB1、XPB2、XPB3、HPB1,其上、下边缘的应力差值分别为 6.01MPa、9.75MPa、7.31MPa、8.11MPa,预应力度值 λ 分别为 1.12、0.91、1.03、0.95。室内梁 XPB3 预应力度值比 XPB1 小 9%,其跨中截面上边缘应力较 XPB1 约大 20%,持荷约 600d 时 XPB3 长期挠度系数比梁 XPB1 大 5%。室内梁 XPB1 预应力度值是室外梁 XPB2 的 1.23 倍,XPB2 跨中截面上、下边缘应力差值较 XPB1 约大 40%,持荷约 600d 时 XPB2 长期挠度系数比梁 XPB1 大 11%。室外梁 XPB2 预应力度值比 HPB1 小 4.4%,其跨中截面上、下边缘应力差值较 HPB1 亦约大 16%,持荷约 600d 时,XPB2 长期挠度系数比梁 HPB1 约大 7%。

因此,结合图 3.11 和表 3.14 数据分析可知,加载环境因素对预应力梁长期挠度系数的影响不甚明显;钢束线形对长期挠度系数基本不影响;预应力梁的荷载因素(或预应力度值)对长期挠度系数影响较大;加载持续时间是影响长期挠度系数的主要因素。

(2)长期挠度系数时程规律

从图 3.11 中看出,试验梁长期挠度系数随持荷时间增加而趋于稳定。采用

Datafit软件,对三片折线先张梁的长期挠度系数试验实测值与加载持续时间数值关系进行多次试算,采用双曲线幂函数形式能较为客观的反映长期挠度系数与持荷时间的数值关系,将三片折线先张梁长期挠度系数拟合方程的计算值和试验实测值进行对比,如图3.12所示。

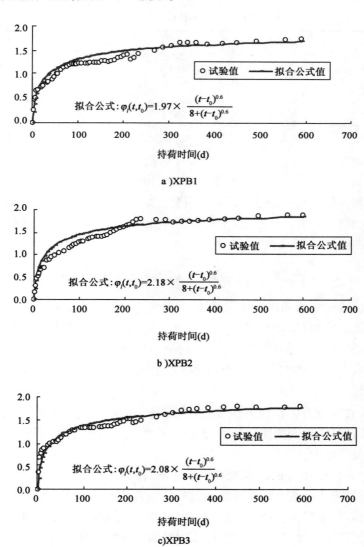

a)XPB1

b)XPB2

c)XPB3

图3.12 折线先张梁长期挠度系数拟合值与试验实测值对照图

从图 3.12 中看出,试验梁的拟合公式值与试验值比较接近,说明拟合公式能较为客观地反映试验梁长期挠度系数试验数据的时程规律。试验梁拟合方程的拟合精度分析如表 3.15 所示,拟合公式的标准差 σ 较小,相关系数 R^2 较高,说明拟合方程精确程度可满足工程应用的需要。

试验梁长期挠度系数拟合公式数值指标   表 3.15

梁编号	拟合公式	标准差 σ	相关系数 R^2	系数终值
XPB1	$1.97k_t$	0.104	0.907	1.93
XPB2	$2.18k_t$	0.113	0.903	2.14
XPB3	$2.08k_t$	0.087	0.944	2.04

注:k_t 取值同表 3.11;系数终值是计算至持荷 70 年的徐变系数值。

运用由图 3.12a)、b)、c)拟合公式计算至加载 70 年的长期挠度系数,三片试验梁的长期挠度系数终值均在 2.0 左右。XPB2 在室外自然环境中长期加载,加载环境与具体工程更加接近,其长期挠度系数终值更能反映实际工程中折线先张梁长期挠度的发展情况,故本文建议对折线先张法预应力混凝土梁,可取长期挠度系数终值 η_θ 为 2.15。

3.4.3 以"先天理论"为基础的"单因素法"长期挠度系数计算公式

对于混凝土梁长期挠度计算,我国不同规范规定的计算方式不同,计算结果差异也很大。我国《铁路桥涵设计基本规范》(TB 10002.1—2005)中没有明确给出长期挠度的计算公式;现行的《公路钢筋混凝土及预应力混凝土桥涵设计规范》(JTG D62—2004)中采用短期挠度值乘以长期挠度增长系数 η_θ;现行《混凝土结构设计规范》(GB 50010—2002)通过长期挠度影响系数 θ 来考虑荷载的长期作用,对预应力梁长期挠度计算时可取 $\theta = 2.0$。规范给定的长期挠度计算方法,只能计算出长期挠度的终值,不能反映长期挠度的时随特征,也不能反映长期挠度的影响因素。

托马斯(F. G. Thomans)从徐变速率考虑,在 1933 年首先提出了指数函数表达式,这是混凝土徐变"先天理论"的雏形;麦克亨利(D. Mc. Henry)在 1943 年提出以下假定:混凝土受荷后将产生一定量的徐变,加载 t 时刻后的徐变率将与剩余或将要产生的徐变量成正比,即不同龄期加载的混凝土,其徐变增长规律都相同,这就是"先天理论"[49]。该理论不能反映加载龄期的影响,只能近似地适用于混凝土晚龄期加载的情况,在公路或铁路桥梁工程中,二期恒载多是在混凝土晚龄期施加。如果近似忽略预应力与二期恒载施加时混凝土龄期的差异[75],对折线先张法预应力梁长期挠度的计算时,可近似依据"先天理论",来建立折线先张梁的长期挠度系数表达式。

通过对四片试验梁长期挠度系数时程曲线分析可知,构件使用环境因素对其长期挠度系数的影响不大;预应力水平对其长期挠度系数有一定程度的影响;加载持续时间是影响预应力梁长期挠度系数的主要因素。

从图3.12及表3.15的分析可知,采用双曲线幂函数表达式可以较客观地反映长期挠度系数的时程规律,三片折线先张梁的长期挠度系数表达式相似,且长期挠度终值比较接近。于是可建立以"先天理论"为理论基础的、不考虑加载龄期差异影响的、仅考虑荷载持续时间因素的"单因素法"长期挠度系数表达式,如式(3.25)所示:

$$\varphi_l(t, t_0) = 2.20 \times \frac{(t - t_0)^{0.6}}{8 + (t - t_0)^{0.6}} \tag{3.25}$$

对式(3.25)长期挠度系数表达式进行精度分析:将三片梁 XPB1、XPB2、XPB3 长期挠度系数的试验值、式(3.25)的计算值以及式(3.25)计算值的 +10%、−15%,共6组曲线的时程规律进行对比,如图3.13所示。

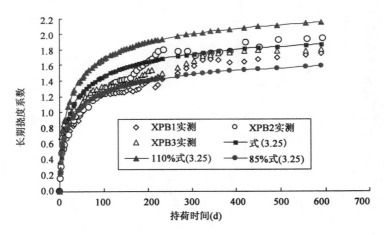

图3.13 式(3.25)预测长期挠度系数的误差分析

从图3.13中看出,采用式(3.25)进行折线先张梁的长期挠度系数时程数值估算和预测,在加载前250d之内时,试验梁长期挠度系数实测值有个别点误差较大,但误差均在 −15% ~ +10% 范围内。加载250d后,试验梁长期挠度系数趋于稳定,并趋于集中,试验值均在式(3.25)计算值的 85% ~ 110% 范围内。在预应力桥梁结构徐变变形预测中,由于徐变影响因素的复杂性和多样性,任何一种徐变计算模式对徐变变形的预估都不可能做到十分精确,误差大多在 ±20% 范围内时人们可以接受。因此,对折线先张梁的长期挠度系数,采用式(3.25)是可行的,其计算精度可满足工程需要。

第4章 预应力混凝土梁徐变挠度

对预应力混凝土梁,其受压及受拉区域混凝土徐变应变均随时间的增加而增加。由于非预应力筋及预应力束徐变量很小或基本不发生徐变,在构件开裂前受拉区的钢筋与混凝土变形相协调,因此受拉区混凝土应变增加较少。随着时间推移,徐变引起应力重分布使中和轴移动引起截面的曲率改变,进而产生的挠度谓之为徐变挠度。

徐变挠度是长期挠度的重要组成部分,采用 MIDAS – CIVIL 软件对多根折线先张梁和曲线后张梁的长期挠度构成分析表明,在预应力混凝土梁加载 10 年后,徐变挠度(徐变应变及其引起的预应力损失共同引起的)占长期挠度增量的比值在 90% 以上[47],而且随着时间增长仍有增加。因此,建立精确的徐变挠度计算公式,对提高预应力混凝土梁长期挠度的预测精度是必要的。

4.1 基 本 概 念

4.1.1 预应力度

预应力度是对预应力结构进行研究和设计的最重要指标,亦是衡量构件预应力水平的重要参数,一般用 λ 表示。目前国际上对预应力度通常有以下三种定义:

(1)基于构件抗弯承载力的预应力度定义[6]

这种预应力度定义由美国纳阿曼(A. E. Naaman)教授首先提出,是指在极限状态下,由预应力筋所提供的抵抗弯矩 $(M_u)_p$ 与由非预应力筋和预应力筋共同提供的抵抗弯矩 $(M_u)_{p+s}$ 的比值,即

$$\lambda = \frac{(M_u)_p}{(M_u)_{p+s}} \tag{4.1}$$

或用构件的材料强度及截面特性表达的抗弯承载力表示,其公式为:

$$\lambda = \frac{A_{\mathrm{p}} f_{\mathrm{py}} \left(h_{\mathrm{p}} - \dfrac{x}{2} \right)}{A_{\mathrm{p}} f_{\mathrm{py}} \left(h_{\mathrm{p}} - \dfrac{x}{2} \right) + A_{\mathrm{s}} f_{\mathrm{y}} \left(h_{\mathrm{s}} - \dfrac{x}{2} \right)} \tag{4.2}$$

式中：A_{p}、A_{s}——预应力筋、非预应力筋的截面面积；

$\qquad$ f_{y}、f_{py}——非预应力筋、预应力筋的抗拉强度设计值；

$\qquad\qquad$ x——混凝土截面受压区高度；

$\qquad$ h_{p}、h_{s}——预应力筋和非预应力筋的形心至混凝土受压区最外边缘的距离。

（2）基于钢筋拉力的预应力度定义

式（4.2）中，如果预应力筋和非预应力筋的形心至混凝土受压区最外纤维的距离相等，即 $h_{\mathrm{p}} = h_{\mathrm{s}}$，则基于钢筋拉力的预应力度可定义为：

$$\lambda = \frac{A_{\mathrm{p}} f_{\mathrm{py}}}{A_{\mathrm{p}} f_{\mathrm{py}} + A_{\mathrm{s}} f_{\mathrm{y}}} \tag{4.3}$$

由于高强预应力钢材没有明显的屈服台阶，瑞士的瑟尔利曼（Thurliman）建议将预应力度定义为：

$$\lambda = \frac{A_{\mathrm{p}} f_{0.2}}{A_{\mathrm{p}} f_{0.2} + A_{\mathrm{s}} f_{\mathrm{y}}} \tag{4.4}$$

式中：$f_{0.2}$——预应力筋的名义屈服强度，取预应力筋残余应变为 0.2% 时对应的应力值。

（3）基于消压弯矩或消压轴力的预应力度定义[3]

印度学者拉曼斯瓦迈（G. S. Ramaswamy）在 1976 年所著的《现代预应力混凝土结构设计》一书中提出了基于消压弯矩或消压轴力的预应力度新概念：

$$\lambda = \frac{M_0}{M} \quad 或 \quad \lambda = \frac{N_0}{N} \tag{4.5}$$

式中：M_0——消压弯矩，将构件控制截面受拉边缘预压应力抵消至 0 时的弯矩值，包括预应力对控制截面产生的轴向压应力及弯矩产生的正应力；

$\qquad$ N_0——消压轴向力，即将构件控制截面受拉边缘预压应力抵消至 0 时的轴向力值；

$\qquad$ M——使用荷载（不包括预应力）下构件控制截面的弯矩值；

$\qquad$ N——使用荷载（不包括预应力）下构件控制截面的轴向拉应力。

良好的抗开裂性能是预应力混凝土结构区别于普通混凝土结构的一个重要特征，在上述三种预应力度定义中，前两种均是基于结构极限承载能力而言，没有将预应力度与结构抗裂性能建立直接联系。而 G. S. Ramaswamy 提出基于消压弯矩或消压轴力的预应力度定义,直接将预应力度与结构的抗开裂能力联系起来,很好地解决了预应力混凝土结构抗开裂验算问题。这种预应力度定义在国际上最为常用,我国规范 GB 50010—2010 和 JTG D62—2004 均采用了第三种预应力度定义。

本书中试验梁的预应力度值即是按预应力度第三种定义计算。

4.1.2　预应力度法

按预应力度大小对预应力混凝土结构进行设计的方法,称为预应力度法。用预应力度概念对混凝土结构分类已成为国际上多个国家和组织采用的流行方式,但目前并未有统一分类标准。有代表性采用预应力度对混凝土结构进行分类方法主要有以下几种[94]:

(1)英国桥梁规范的分类

英国桥梁规范(BS5400—84)根据预应力度这一指标,将混凝土结构分为四类:

①Ⅰ类:全预应力混凝土结构,即不允许出现拉应力($\lambda \geqslant 1$)。

②Ⅱ类:预应力混凝土结构,即允许出现拉应力,但不允许出现裂缝($0 < \lambda < 1$)。

③Ⅲ类:预应力混凝土结构,即允许出现裂缝,但裂缝宽度不超过规定值($0 < \lambda < 1$)。

④Ⅳ类:钢筋混凝土结构($\lambda = 0$)。

(2)CEB - FIP 建议

1970 年,欧洲混凝土委员会和国际预应力混凝土协会 CEB - FIP 规范草案根据预应力水平情况,将混凝土结构分为四类:

①第Ⅰ类:全预应力,即在全部荷载最不利组合作用下,混凝土不出现拉应力。

②第Ⅱ类:有限预应力,即在全部荷载最不利组合作用下,混凝土的拉应力不超过弯曲抗拉强度,在长期持续荷载作用下,混凝土不出现拉应力。

③第Ⅲ类:部分预应力—允许开裂,但裂缝不超过规定值。

④第Ⅳ类:钢筋混凝土结构。

考虑上述分类的复杂性和不精确性,1982 年对上述预应力混凝土分类修改为:

全预应力:沿预应力筋方向没有达到消压状态;

有限预应力：主拉应力没有达到混凝土的抗拉强度设计值；

部分预应力：混凝土的拉应力没有限制。

（3）瑞士

瑞士巴赫曼（Hugo Bachmann）认为：预应力结构的分类应该努力使其达到国际上统一，并建议以使用荷载下截面产生的最大受拉纤维应力为基础。

这种分类见表4.1。

瑞士巴赫曼建议的预应力结构分类 表4.1

预应力结构分类	使用荷载下最大受拉纤维应力	
	截面计算依据	计算的应力
Ⅰ（F）全预应力	按不开裂截面	不允许出现拉应力
Ⅱ（L）限制预应力	按不开裂截面	允许出现拉应力 $\leqslant f_c/10$（混凝土）
Ⅲ（P）部分预应力	按开裂截面	随着混凝土裂缝出现，允许非预应力筋和预应力筋中的应力增量

（4）我国关于预应力水平的分类

我国规范 GB 50010—2010 中没有明确提出"预应力度法"概念，但是根据截面受拉边缘应力大小和正截面裂缝宽度的控制要求，间接地体现了"预应力度法"这一对预应力混凝土结构分类的方法，并根据裂缝控制等级将混凝土结构分为以下三级：

一级：严格要求不出现裂缝的构件，按荷载标准组合计算时，构件受拉边缘混凝土不应产生拉应力，即应符合下式要求：

$$\sigma_{ck} - \sigma_{pc} \leqslant 0$$

二级：一般要求不出现裂缝的构件，按荷载标准组合计算时，构件受拉边缘混凝土拉应力不应大于混凝土抗拉强度的标准值，即应符合下式要求：

$$\sigma_{ck} - \sigma_{pc} \leqslant f_{tk}$$

三级：允许出现裂缝的构件，钢筋混凝土构件的最大裂缝宽度可按荷载准永久组合并考虑长期作用影响效应计算，预应力混凝土构件的最大裂缝宽度可按荷载标准组合并考虑长期作用影响的效应计算，计算的最大裂缝宽度应符合下式规定：

$$w_{max} \leqslant w_{lim}$$

上述式中：σ_{ck}——荷载效应的标准组合下抗裂验算边缘的混凝土法向应力；

σ_{pc}——扣除全部预应力损失后在抗裂验算边缘混凝土的预压应力；

f_{tk}——混凝土轴心抗拉强度标准值；

w_{max}——按荷载效应的标准组合或准永久组合并考虑长期作用影响计算的最大裂缝宽度;

w_{lim}——规范规定的最大裂缝宽度限值,见规范 GB 50010—2010 附表 12。

我国 JTG D62—2004 中规定,对预应力混凝土构件,可根据桥梁使用环境要求,设计时分为两类构件:

第一类:全预应力混凝土构件,此类构件在作用短期效应组合下正截面受拉边缘不允许出现拉应力(即不得消压)。

第二类:部分预应力混凝土构件,此类构件在作用短期效应组合下控制正截面受拉边缘可出现拉应力。当对拉应力加以限制时,为 A 类预应力混凝土构件;当拉应力超过限制值时,为 B 类预应力混凝土构件。

我国《部分预应力混凝土结构设计建议》中,按预应力度将混凝土结构分为三类[95]:

Ⅰ类:全预应力混凝土结构,$\lambda \geqslant 1$;

Ⅱ类:部分预应力混凝土结构,$0 < \lambda < 1$;

Ⅲ类:钢筋混凝土结构,$\lambda = 0$。

另外,《部分预应力混凝土结构设计建议》补充规定,对于第 Ⅱ 类部分预应力混凝土构件又可分为以下两类:

A 类:在使用荷载短期效应组合作用下,正截面混凝土应力不超过规定限值;

B 类:在使用荷载短期效应组合作用下,正截面中的混凝土应力超过规定限值,但裂缝宽度不超过规定限值。

本文对试验梁的预应力类型的确定就是采用规范 JTG D62—2004 和《部分预应力混凝土结构设计建议》中关于预应力结构的分类方法。

4.2　预应力梁徐变系数与徐变挠度数值关系解析法分析

以第 3 章图 3.6 中全预应力梁和部分预应力梁的徐变应变几何模型为研究对象,以曲率参数为纽带,建立不同预应力度梁的徐变曲率研究模型,本书从解析法角度讨论预应力混凝土梁徐变系数与徐变曲率系数间的数值关系,进而推证徐变系数与徐变挠度系数间的数值关系。上述几个徐变变形系数定义详见第 3 章 3.1 节。

4.2.1　全预应力梁徐变系数与徐变曲率系数间的数值关系

以图 3.6a)全预应力梁徐变应变几何模型为基础,其徐变曲率研究模型如图 4.1 所示。

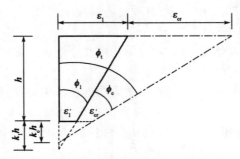

图 4.1　全预应力梁徐变曲率研究模型

ε_1、ε_1'-加载瞬时梁上、下边缘混凝土弹性应变;ε_{cr}、ε_{cr}'-加载某一时刻梁上、下边缘混凝土徐变应变值;h-梁截面高度;ϕ_1-初始曲率;ϕ_c-徐变曲率;ϕ_t-截面的总曲率

初始曲率:

$$\phi_1 = \frac{\varepsilon_1}{h + k_1 h} \tag{4.6}$$

持续加载时间 t 后曲率:

$$\phi_t = \frac{\varepsilon_1 + \varepsilon_{cr}}{h + k_c h} \tag{4.7}$$

故徐变曲率:

$$\phi_c = \phi_t - \phi_1 = \frac{\varepsilon_1 + \varepsilon_{cr}}{h + k_c h} - \frac{\varepsilon_1}{h + k_1 h} \tag{4.8}$$

根据定义,徐变曲率系数即为徐变曲率与初始弹性曲率的比值,即

$$\phi_c(t,t_0) = \frac{\phi_c}{\phi_1} = \frac{\phi_t - \phi_1}{\phi_1} = \frac{\phi_t}{\phi_1} - 1 = \frac{\dfrac{\varepsilon_1 + \varepsilon_{cr}}{h + k_c h}}{\dfrac{\varepsilon_1}{h + k_1 h}} - 1$$

$$= \frac{\varepsilon_1 + \varepsilon_{cr}}{\varepsilon_1} \times \frac{1 + k_1}{1 + k_c} - 1$$

$$= \frac{\varepsilon_{cr}}{\varepsilon_1} \times \frac{1 + k_1}{1 + k_c} + \frac{1 + k_1}{1 + k_c} - 1 \tag{4.9}$$

由第3章3.2节试验现象表明:全预应力梁在长期荷载作用下,其中和轴由梁身之外向梁身移动;另由图4.1可知:$k_1 > k_c$。

对式(4.9)进行分析知:

$$\frac{1 + k_1}{1 + k_c} - 1 > 0 \quad 或 \quad \frac{1 + k_1}{1 + k_c} > 1 \tag{4.10}$$

故:

$$\phi_c(t, t_0) > \frac{\varepsilon_{cr}}{\varepsilon_1} \tag{4.11}$$

于是,可令式(4.9)为:

$$\phi_c(t, t_0) = \frac{\phi_c}{\phi_1} = k \cdot \frac{\varepsilon_{cr}}{\varepsilon_1} \tag{4.12}$$

其中,k 是大于 1 的系数。

由徐变系数定义可知:

$$\frac{\varepsilon_{cr}}{\varepsilon_1} = \varphi_c(t, t_0)$$

代入式(4.9)得:

$$\phi_c(t, t_0) = \frac{\phi_c}{\phi_1} = k \cdot \varphi_c(t, t_0) \tag{4.13}$$

其中,k 是大于 1 的系数。

式(4.13)的意义为:对全预应力梁,其徐变曲率系数大于徐变系数,即徐变曲率大于徐变系数与初始曲率的乘积。

4.2.2 部分预应力梁徐变系数与徐变曲率系数间的数值关系

部分预应力混凝土梁的徐变曲率研究模型如图4.2所示。

初始曲率:

$$\phi_1 = \frac{\varepsilon_1}{k_1 h} \tag{4.14}$$

持续加载时间 t 后的曲率:

$$\phi_t = \frac{\varepsilon_1 + \varepsilon_{cr}}{k_c h} \tag{4.15}$$

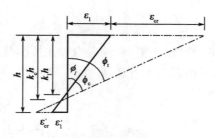

图 4.2　部分预应力梁徐变曲率研究模型
（图中各符号含义同图 4.1）

故徐变曲率：

$$\phi_c = \phi_t - \phi_1 = \frac{\varepsilon_1 + \varepsilon_{cr}}{k_c h} - \frac{\varepsilon_1}{k_1 h} \tag{4.16}$$

故依据徐变曲率系数的定义：

$$\phi_c(t, t_0) = \frac{\phi_c}{\phi_1} = \frac{\phi_t - \phi_1}{\phi_1}$$

$$= \frac{\dfrac{\varepsilon_1 + \varepsilon_{cr}}{k_c h}}{\dfrac{\varepsilon_1}{k_c h}} - 1 = \frac{\varepsilon_c}{\varepsilon_1} \cdot \frac{k_1}{k_c} + \frac{k_1}{k_c} - 1 \tag{4.17}$$

由第 3 章 3.2.2 节分析可知：对持续荷载作用下的部分预应力梁，由于徐变作用使其中和轴向下部偏移，并结合图 4.2 可知：

$$\frac{k_1}{k_c} - 1 < 0 \ \text{或} \frac{k_1}{k_c} < 1$$

故：

$$\phi_c(t, t_0) < \frac{\varepsilon_{cr}}{\varepsilon_1} = \varphi_c(t, t_0) \tag{4.18}$$

由徐变曲率系数的定义，式（4.18）可变为：

$$\phi_c(t, t_0) = \frac{\phi_c}{\phi_1} = k\varphi_c(t, t_0) \tag{4.19}$$

其中，k 是小于 1 的系数。

式（4.19）的意义为：部分预应力梁的徐变曲率系数小于徐变系数，即徐变曲率小于徐变系数与初始曲率的乘积。

4.2.3　预应力梁徐变系数与徐变挠度系数数值关系

由材料力学可知，对梁类构件，其挠度计算公式为：

$$f = S \cdot \frac{M}{EI_0} \cdot l_0^2 \tag{4.20}$$

式中:S——梁两端支撑形式影响系数,如对简支梁,$S = 5/48$;

$\quad M$——梁计算截面的弯矩值;

$\quad EI_0$——梁计算截面的抗弯刚度;

$\quad l_0$——梁的有效跨径。

根据混凝土梁挠度计算理论可知,截面曲率为截面弯矩与抗弯刚度的比值,即 $M/EI_0 = \phi$。如设预应力梁加载瞬时产生的初始曲率为 ϕ_1,持续加载至时间 t 后截面总曲率为 ϕ_t,其徐变曲率为 $\phi_c = \phi_t - \phi_1$。

预应力梁加载瞬时初始弹性挠度 f_1 和持续加载至时间 t 后的徐变挠度 f_c 分别为:

$$f_1 = s\phi_1 l_0^2$$
$$f_c = s\phi_c l_0^2 \tag{4.21}$$

故根据徐变挠度系数的定义知:

$$\varphi_f(t, t_0) = \frac{f_c}{f_1} = \frac{s\phi_c l_0^2}{s\phi_1 l_0^2} = \frac{\phi_c}{\phi_1} = \phi_c(t, t_0) \tag{4.22}$$

即徐变挠度系数和徐变曲率系数相等。结合式(4.13)和式(4.19)知:

$$\phi_c(t, t_0) = k \cdot \varphi_c(t, t_0)$$

故:

$$\varphi_f(t, t_0) = k \cdot \varphi_c(t, t_0) \tag{4.23}$$

因此,通过徐变曲率系数就可将徐变挠度系数和徐变系数联系起来。

由式(4.23)可知,徐变挠度系数与徐变系数间的数值关系与预应力度值有关。对全预应力混凝土梁,$k > 1$,其徐变挠度系数大于徐变系数,即徐变挠度大于初始挠度与徐变系数的乘积;对部分预应力混凝土梁,$k < 1$,其徐变挠度系数小于徐变系数,即徐变挠度小于初始挠度与徐变系数的乘积。

4.3　预应力梁徐变挠度系数与徐变系数比值 k 的数学表达式

4.3.1　试验研究与基本假定

大量文献研究表明,混凝土梁在长期荷载作用下,由于跨中截面上、下边缘应力状态及非预应力筋配筋率不同,上、下边缘的混凝土徐变应变值存在较大的差异。本节对试验梁 XPB1、XPB2、XPB3 和 HPB1 的加载瞬时应变、加载 30d、305d 及 594d 时的跨中截面上、下边缘混凝土徐变应变进行分析,如表 4.2 所示。

试验梁跨中截面上、下边缘不同时段应变值　　　　　　　　　　表 4.2

梁编号	加载瞬时		持荷 30d		持荷 308d		持荷 590d	
	①ε_1	②ε_1'	①ε_{cr}	②ε_{cr}'	①ε_{cr}	②ε_{cr}'	①ε_{cr}	②ε_{cr}'
XPB1	203	42	128	10	224	19	269	19
②/①	21%		8%		8%		7%	
XPB2	267	−15	329	−10	525	−20	527	−27
②/①	−6%		−3%		−4%		−5%	
XPB3	211	29	141	11	301	19	313	21
②/①	14%		8%		6%		7%	
HPB1	226	−15	278	−13	453	−21	464	−20
②/①	−7%		−5%		−5%		−4%	

注:ε_1、ε_1'、ε_{cr}、ε_{cr}' 的含义如图 4.1、图 4.2 所示。

从表 4.2 可看出,加载瞬时,试验梁 XPB1、XPB2、XPB3 和 HPB1 跨中截面上、下边缘混凝土的弹性应变比分别为 21%、−6%、14%、−7%。持续加载 30d 后,四片梁跨中截面上、下边缘混凝土弹性应变比值分别为 8%、−3%、4%、−5%;持续加载 308d 时,四片梁跨中截面上、下边缘混凝土弹性应变比分别为 8%、−4%、6%、−5%;持续加载 590d 时,四片梁跨中截面上、下边缘混凝土的弹性应变比分别为 7%、−5%、9%、−4%。因此可得,在长期荷载作用下的四片试验梁,跨中截面上、下边缘混凝土的徐变应变比值均未超过 10%;持荷后期试验梁上、下截面边缘的徐变应变的比值与弹性应变比值不相同,上、下边缘徐变变形比值比加载瞬时上、下边缘弹性比值小。这与试验梁截面上下边缘配筋率不一致是分不开的,但由于试验样本太少,配筋率对该比值的影响规律尚不清晰。

根据这一试验现象,并结合文献[96-100]的研究结论,可作如下基本假定:

预应力梁在长期荷载作用下,压应力较小的一侧或拉应力侧(但未有开裂)的混凝土徐变应变比另一侧徐变应变小得多,两者比值可忽略不计。对全预应力梁,压应力较小一侧徐变应变 ε_{cr}' 远远小于压应力较大一侧徐变应变 ε_{cr},即 $\varepsilon_{cr}'/\varepsilon_{cr} \approx 0$;对部分预应力梁,拉应力边缘徐变应变绝对值 ε_{cr}' 远远小于受压边缘的徐变应变 ε_{cr},即 $\varepsilon_{cr}'/\varepsilon_{cr} \approx 0$。

4.3.2　全预应力梁比值系数 k 值的确定

（1）徐变曲率系数与徐变系数间的数值关系表达式讨论

这里仍以图 4.1 全预应力梁徐变曲率模型为研究对象，从曲率的另一个表达式来研究徐变曲率系数与徐变系数间的数值关系。

加载 t_0 时刻梁截面瞬时弹性曲率：

$$\phi_0 = \frac{\varepsilon_1 - \varepsilon_1'}{h} \tag{4.24}$$

持续加载至 t 时刻截面曲率：

$$\phi_t = \frac{(\varepsilon_1 + \varepsilon_{cr}) - (\varepsilon_1' + \varepsilon_{cr}')}{h} \tag{4.25}$$

根据徐变曲率系数的定义，可得：

$$\phi_c(t,t_0) = \frac{\phi_t - \phi_0}{\phi_0} = \frac{\varepsilon_{cr} - \varepsilon_{cr}'}{\varepsilon_1 - \varepsilon_1'} = \frac{\varepsilon_{cr}\left(1 - \dfrac{\varepsilon_{cr}'}{\varepsilon_{cr}}\right)}{\varepsilon_1\left(1 - \dfrac{\varepsilon_1'}{\varepsilon_1}\right)} = \frac{\varepsilon_{cr}}{\varepsilon_1} \cdot \frac{\left(1 - \dfrac{\varepsilon_{cr}'}{\varepsilon_{cr}}\right)}{\left(1 - \dfrac{\varepsilon_1'}{\varepsilon_1}\right)} \tag{4.26}$$

对式（4.26）进行分析知：

$$\frac{\varepsilon_{cr}}{\varepsilon_1} = \varphi_c(t,t_0)$$

由基本假定可知：

$$\frac{\varepsilon_{cr}'}{\varepsilon_{cr}} \approx 0$$

在加载时刻，应力较小边缘的弹性应变值 ε_1' 和应力较大边缘的弹性应变值 ε_1 均与预应力值及二次加载值有关。根据混凝土结构材料的本构关系可知：

$$\varepsilon_1 = \frac{\sigma_1}{E_c} \quad ; \quad \varepsilon_1' = \frac{\sigma_1'}{E_c} \tag{4.27}$$

式中：σ_1、σ_1'——预应力混凝土梁计算截面的上、下边缘混凝土应力值；

　　　E_c——加载时刻混凝土的弹性模量。

由式（4.27）可知：$\dfrac{\varepsilon_1'}{\varepsilon_1} = \dfrac{\sigma_1'}{\sigma_1}$

由科学近似处理法，式（4.26）可变为：

$$\phi_c(t,t_0) = \varphi_c(t,t_0) \cdot \frac{1}{\left(1 - \dfrac{\sigma_1'}{\sigma_1}\right)} \tag{4.28}$$

99

从式(4.28)中可看出,徐变曲率系数与徐变系数的数值关系主要与加载时混凝土梁上、下边缘应力情况有关。因此,通过对加载时刻混凝土梁上、下边缘应力比值 σ_1'/σ_1 进行分析,可进一步确定徐变曲率系数 $\phi_c(t, t_0)$ 与徐变系数 $\varphi_c(t, t_0)$ 间的数值关系。

(2)预应力梁上、下边缘混凝土应力值 σ_1'、σ_1 与预应力度 λ 关系研究

根据预应力混凝土结构的应力计算理论,预应力构件受压边缘产生的最大压应力为:

$$\sigma_{max} = \frac{N_p}{A_0} + \frac{M_p}{W} \tag{4.29}$$

式中:W——截面抗弯模量,$W = I_0/y$。

根据预应力度定义可知:

$$M = \frac{M_0}{\lambda} \tag{4.30}$$

式中:M——使用荷载(不包括预应力)下控制截面的弯矩值,包括构件自重在控制截面产生的弯矩值 M_G 与外部荷载在控制截面产生的弯矩值 M_Q,即

$$M = M_G + M_Q \tag{4.31}$$

M_0——消压弯矩,即将构件控制截面受拉边缘预压应力抵消至 0 时的弯矩值。

所以:

$$M_G + M_Q = \frac{M_0}{\lambda} \tag{4.32}$$

根据消压弯矩 M_0 的定义知:

$$\sigma_{max} = \frac{M_0}{W} \tag{4.33}$$

故结合式(4.29)和式(4.33)可知:

$$\frac{M_0}{W} = \frac{N_p}{A_0} + \frac{M_p}{W} \tag{4.34}$$

故:

$$M_0 = \frac{N_p}{A_0} \cdot W + M_p \tag{4.35}$$

将式(4.32)代入式(4.35)得:

$$M_{\mathrm{G}} + M_{\mathrm{Q}} = \frac{1}{\lambda}\left(\frac{N_{\mathrm{p}}}{A_0} \cdot W + M_{\mathrm{p}}\right) \tag{4.36}$$

对预应力混凝土构件而言，在外部荷载、自重及预应力共同作用下任意截面的弯矩为：

$$M = M_{\mathrm{G}} + M_{\mathrm{Q}} - M_{\mathrm{p}} \tag{4.37}$$

即：

$$M = \frac{1}{\lambda}\left(\frac{N_{\mathrm{p}}}{A_0} \cdot W + M_{\mathrm{p}}\right) - M_{\mathrm{p}} \tag{4.38}$$

所以，在预应力及外部荷载共同作用下，梁截面上边缘的应力 σ_1 为：

$$
\begin{aligned}
\sigma_1 &= \frac{N_{\mathrm{p}}}{A_0} + \frac{M}{W} \\
&= \frac{N_{\mathrm{p}}}{A_0} + \left(\frac{1}{\lambda} \cdot \frac{N_{\mathrm{p}}}{A_0} + \frac{1}{\lambda} \cdot \frac{M_{\mathrm{p}}}{W} - \frac{M_{\mathrm{p}}}{W}\right) \\
&= \frac{N_{\mathrm{p}}}{A_0}\left(1 + \frac{1}{\lambda}\right) + \frac{M_{\mathrm{p}}}{W}\left(\frac{1}{\lambda} - 1\right)
\end{aligned} \tag{4.39}
$$

同理，梁截面下边缘的应力为：

$$
\begin{aligned}
\sigma_1' &= \frac{N_{\mathrm{p}}}{A_0} - \frac{M}{W} \\
&= \frac{N_{\mathrm{p}}}{A_0} - \left(\frac{1}{\lambda} \cdot \frac{N_{\mathrm{p}}}{A_0} + \frac{1}{\lambda} \cdot \frac{M_{\mathrm{p}}}{W} - \frac{M_{\mathrm{p}}}{W}\right) \\
&= \frac{N_{\mathrm{p}}}{A_0}\left(1 - \frac{1}{\lambda}\right) + \frac{M_{\mathrm{p}}}{W}\left(1 - \frac{1}{\lambda}\right) \\
&= \left(\frac{N_{\mathrm{p}}}{A_0} + \frac{M_{\mathrm{p}}}{W}\right)\left(1 - \frac{1}{\lambda}\right)
\end{aligned} \tag{4.40}
$$

（3）比值系数 k 的确定

根据式(4.29)、式(4.30)所确定的全预应力上、下边缘截面的应力值，可得：

$$
\begin{aligned}
\left(1 - \frac{\sigma_1'}{\sigma_1}\right) &= 1 - \frac{\left(\dfrac{N_{\mathrm{p}}}{A_0} + \dfrac{M_{\mathrm{p}}}{W}\right)\left(1 - \dfrac{1}{\lambda}\right)}{\dfrac{N_{\mathrm{p}}}{A_0}\left(1 + \dfrac{1}{\lambda}\right) + \dfrac{M_{\mathrm{p}}}{W}\left(\dfrac{1}{\lambda} - 1\right)} \\
&= \frac{\dfrac{N_{\mathrm{p}}}{A_0}\left(1 + \dfrac{1}{\lambda}\right) + \dfrac{M_{\mathrm{p}}}{W}\left(\dfrac{1}{\lambda} - 1\right) - \left(\dfrac{N_{\mathrm{p}}}{A_0} + \dfrac{M_{\mathrm{p}}}{W}\right)\left(1 - \dfrac{1}{\lambda}\right)}{\dfrac{N_{\mathrm{p}}}{A_0}\left(1 + \dfrac{1}{\lambda}\right) + \dfrac{M_{\mathrm{p}}}{W}\left(\dfrac{1}{\lambda} - 1\right)}
\end{aligned}
$$

$$= \frac{\dfrac{N_\mathrm{p}}{A_0} \cdot \dfrac{2}{\lambda} + \dfrac{2M_\mathrm{p}}{W}\left(\dfrac{1}{\lambda} - 1\right)}{\dfrac{N_\mathrm{p}}{A_0}\left(1 + \dfrac{1}{\lambda}\right) + \dfrac{M_\mathrm{p}}{W}\left(\dfrac{1}{\lambda} - 1\right)} \tag{4.41}$$

故有：

$$\frac{1}{1 - \dfrac{\sigma_1'}{\sigma_1}} = \frac{\dfrac{N_\mathrm{p}}{A_0}\left(1 + \dfrac{1}{\lambda}\right) + \dfrac{M_\mathrm{p}}{W}\left(\dfrac{1}{\lambda} - 1\right)}{\dfrac{N_\mathrm{p}}{A_0} \cdot \dfrac{2}{\lambda} + \dfrac{2M_\mathrm{p}}{W}\left(\dfrac{1}{\lambda} - 1\right)} \tag{4.42}$$

将式(4.42)带入式(4.28)，可得到预应力混凝土梁徐变曲率系数 $\phi_\mathrm{c}(t, t_0)$ 与徐变系数 $\varphi_\mathrm{c}(t, t_0)$ 间的数值关系为：

$$\phi_\mathrm{c}(t, t_0) = \varphi_\mathrm{c}(t, t_0) \cdot \left[\frac{\dfrac{N_\mathrm{p}}{A_0}\left(1 + \dfrac{1}{\lambda}\right) + \dfrac{M_\mathrm{p}}{W}\left(\dfrac{1}{\lambda} - 1\right)}{\dfrac{N_\mathrm{p}}{A_0} \cdot \dfrac{2}{\lambda} + \dfrac{2M_\mathrm{p}}{W}\left(\dfrac{1}{\lambda} - 1\right)}\right] \tag{4.43}$$

故徐变曲率系数与徐变系数的比值 k 可写为：

$$k = \frac{\dfrac{N_\mathrm{p}}{A_0}\left(1 + \dfrac{1}{\lambda}\right) + \dfrac{M_\mathrm{p}}{W}\left(\dfrac{1}{\lambda} - 1\right)}{\dfrac{N_\mathrm{p}}{A_0} \cdot \dfrac{2}{\lambda} + \dfrac{2M_\mathrm{p}}{W}\left(\dfrac{1}{\lambda} - 1\right)} \tag{4.44}$$

所以式(4.43)可简写为：

$$\phi_\mathrm{c}(t, t_0) = k \cdot \varphi_\mathrm{c}(t, t_0) \tag{4.45}$$

4.3.3　部分预应力梁比值系数 k 值的确定

仍以图4.2的部分预应力梁徐变曲率模型为研究对象，根据曲率的定义知：
加载时刻 t_0 的瞬时曲率：

$$\phi_0 = \frac{\varepsilon_1 + \varepsilon_1'}{h} \tag{4.46}$$

持续加载至时刻 t 的截面曲率：

$$\phi_t = \frac{(\varepsilon_1 + \varepsilon_\mathrm{cr}) + (\varepsilon_1' + \varepsilon_\mathrm{cr}')}{h} \tag{4.47}$$

注意各项应变均以绝对值带入计算。

根据徐变曲率系数的定义，可得：

$$\phi_{\text{c}}(t,t_0) = \frac{\phi_{\text{t}} - \phi_0}{\phi_0} = \frac{\varepsilon_{\text{cr}} + \varepsilon'_{\text{cr}}}{\varepsilon_1 + \varepsilon'_1} = \frac{\varepsilon_{\text{cr}}\left(1 + \dfrac{\varepsilon'_{\text{cr}}}{\varepsilon_{\text{cr}}}\right)}{\varepsilon_1\left(1 + \dfrac{\varepsilon'_1}{\varepsilon_1}\right)} = \frac{\varepsilon_{\text{cr}}}{\varepsilon_1} \cdot \frac{\left(1 + \dfrac{\varepsilon'_{\text{cr}}}{\varepsilon_{\text{cr}}}\right)}{\left(1 + \dfrac{\varepsilon'_1}{\varepsilon_1}\right)}$$

$$(4.48)$$

根据徐变系数定义和基本假定可知：

$$\frac{\varepsilon_{\text{cr}}}{\varepsilon_1} = \varphi_{\text{c}}(t,t_0); \qquad \frac{\varepsilon'_{\text{cr}}}{\varepsilon_{\text{cr}}} \approx 0$$

由《混凝土结构设计规范》(GB 50010—2010)及文献[137]可知：同一混凝土的拉、压弹性模量基本相等。对部分预应力梁,跨中截面上、下边缘应力符号相反,在进行曲率计算时,各项应变均以绝对值代入,故有：

$$\frac{\varepsilon'_1}{\varepsilon_1} = \left|\frac{\sigma'_1}{\sigma_1}\right| = -\frac{\sigma'_1}{\sigma_1}$$

此处规定压应力为正,拉应力为负。故式(4.48)可变为：

$$\phi_{\text{c}}(t,t_0) = \varphi_{\text{c}}(t,t_0) \cdot \frac{1}{\left(1 + \left|\dfrac{\sigma'_1}{\sigma_1}\right|\right)} = \varphi_{\text{c}}(t,t_0) \cdot \frac{1}{\left(1 - \dfrac{\sigma'_1}{\sigma_1}\right)} \qquad (4.49)$$

从式(4.49)中看出,对部分预应力混凝土梁,徐变曲率系数与徐变系数的数值关系与梁加载瞬时的上、下截面边缘的应力比值有关。同全预应力梁一样,通过对构件上、下边缘应力比值 σ'_1/σ_1 进行分析,可进一步推证部分预应力梁的徐变曲率系数 $\phi_{\text{c}}(t,t_0)$ 与徐变系数 $\varphi_{\text{c}}(t,t_0)$ 间的数值关系。

部分预应力梁上边缘的应力 σ_1 为：

$$\begin{aligned}
\sigma_1 &= \frac{N_{\text{p}}}{A_0} + \frac{M}{W} \\
&= \frac{N_{\text{p}}}{A_0} + \left(\frac{1}{\lambda} \cdot \frac{N_{\text{p}}}{A_0} + \frac{1}{\lambda} \cdot \frac{M_{\text{p}}}{W} - \frac{M_{\text{p}}}{W}\right) \\
&= \frac{N_{\text{p}}}{A_0}\left(1 + \frac{1}{\lambda}\right) + \frac{M_{\text{p}}}{W}\left(\frac{1}{\lambda} - 1\right)
\end{aligned} \qquad (4.50)$$

截面下边缘的应力 σ'_1 为：

$$\begin{aligned}
\sigma'_1 &= \frac{N_{\text{p}}}{A_0} - \frac{M}{W} \\
&= \frac{N_{\text{p}}}{A_0} - \left(\frac{1}{\lambda} \cdot \frac{N_{\text{p}}}{A_0} + \frac{1}{\lambda} \cdot \frac{M_{\text{p}}}{W} - \frac{M_{\text{p}}}{W}\right)
\end{aligned}$$

$$= \frac{N_\mathrm{p}}{A_0}\Big(1 - \frac{1}{\lambda}\Big) + \frac{M_\mathrm{p}}{W}\Big(1 - \frac{1}{\lambda}\Big)$$

$$= \Big(\frac{N_\mathrm{p}}{A_0} + \frac{M_\mathrm{p}}{W}\Big)\Big(1 - \frac{1}{\lambda}\Big) \tag{4.51}$$

从式(4.50)和式(4.51)中看出,对部分预应力混凝土梁,$0 < \lambda < 1$,则 $\sigma_1 > 0$;$\sigma_1' < 0$,这和理论结果是吻合的,所以有:

$$\frac{1}{1 - \dfrac{\sigma_1'}{\sigma_1}} = \frac{\dfrac{N_\mathrm{p}}{A_0}\Big(1 + \dfrac{1}{\lambda}\Big) + \dfrac{M_\mathrm{p}}{W}\Big(\dfrac{1}{\lambda} - 1\Big)}{\dfrac{N_\mathrm{p}}{A_0} \cdot \dfrac{2}{\lambda} + \dfrac{2M_\mathrm{p}}{W}\Big(\dfrac{1}{\lambda} - 1\Big)} \tag{4.52}$$

式(4.52)反映的部分预应力梁和全预应力徐变曲率系数与徐变系数比值 k 的表达式形式一致,令:

$$\frac{\dfrac{N_\mathrm{p}}{A_0}\Big(1 + \dfrac{1}{\lambda}\Big) + \dfrac{M_\mathrm{p}}{W}\Big(\dfrac{1}{\lambda} - 1\Big)}{\dfrac{N_\mathrm{p}}{A_0} \cdot \dfrac{2}{\lambda} + \dfrac{2M_\mathrm{p}}{W}\Big(\dfrac{1}{\lambda} - 1\Big)} = k \tag{4.53}$$

同全预应力梁一样,对部分预应力混凝土梁,其徐变曲率系数与徐变系数的关系式可以采用式(4.45)的同一表达式,即

$$\phi_\mathrm{c}(t, t_0) = k \cdot \varphi_\mathrm{c}(t, t_0)$$

4.4　比值 k 的影响因素

从式(4.53)中可看出,徐变曲率系数与徐变系数的比值 k 受多个因素影响,概括起来可归为两类:第一类是构件截面因素,包括与构件含钢率有关的换算截面面积 A_0、与截面形状有关的截面抗弯模量 W;第二类是构件使用过程中荷载因素,包括预压力 N_p、预应力产生的总弯矩 M_p 及预应力度值 λ。

本节以试验梁 XPB1 为例,通过对这几个影响因素进行调整试算,即改变其中某一因素,并保持其他几个因素不变,研究该因素对比值系数 k 的影响,并进一步对四片试验梁进行分析,探究 k 值受几个因素影响的敏感程度。

4.4.1　构件截面

(1)构件换算截面面积 A_0

根据混凝土构件截面换算理论,构件换算截面面积可由下式计算:

$$A_0 = A_c(1 + \alpha_E A_s + \alpha_{Ep} A_{ps}) \tag{4.54}$$

式中:A_c、A_s、A_{ps}——混凝土净面积、非预应力筋、预应力筋的面积;

$\quad\quad \alpha_E$、α_{Ep}——非预应力筋及预应力筋与混凝土的弹性模量比值。

预应力筋和非预应力筋的配筋率、预应力筋与混凝土弹性模量比、非预应力筋与混凝土弹性模量比、梁混凝土截面面积等因素均对构件换算截面面积 A_0 值有一定的影响,而 A_0 对系数 k 值也有影响。对试验梁 XPB1 的 A_0 值从 0.81 倍增至 1.1 倍,步长为 0.01 A_0,其他几个参数不变,将改变的 A_0 值代入式(4.53)进行计算,计算结果如图 4.3 所示(横坐标值表示为 A_0 倍数)。

从图 4.3 中看出,k 值与 A_0 值基本成正比例变化,当 A_0 值从 0.81A_0 增至 1.1A_0,改变量为 37.5%,k 值由 1.20 增至 1.26,增大 5%,变化幅度要比 A_0 值的变化幅度小很多,说明 A_0 值的改变对 k 值影响不大。

(2)截面抗弯模量 W

截面抗弯模量 W 是反映构件截面几何性质的一个重要特征参数,主要受截面形状及几何尺寸的影响。从式(4.53)看出,截面抗弯模量 W 是系数 k 值的影响因素之一。对试验梁 XPB1 的 W 值从 0.81 倍增至 1.1 倍,步长为 0.01W,其他几个参数保持不变,将改变的 W 值代入式(4.53)进行计算,结果如图 4.4 所示(横坐标表示倍数)。

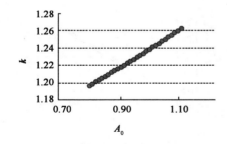

图 4.3　A_0 对 k 值的影响曲线

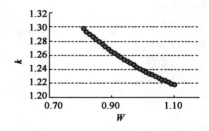

图 4.4　W 对 k 值的影响曲线

从图 4.4 中看出,截面抗弯模量 W 值从 0.81W 增至 1.1W,改变量为 37.5%,k 值由 1.30 增至 1.22,降低 6.1%,变化幅度要比 W 值的变化幅度小很多,说明 k 值受对 W 值的改变的影响不敏感。从图 4.4 中看出,k 值与 W 值成反比,说明对于同样材料构成的混凝土梁,在混凝土徐变系数相同的情况下,W 值越大,徐变挠度越小。因此,在其他条件相同的情况下,箱形截面梁要比矩形截面梁的徐变挠度小,这和文献[66]、[102]中的结论是一致的。

4.4.2　荷载因素

（1）预应力产生的轴向压力 N_p

预应力钢束形状、张拉控制应力大小及预应力的损失情况均对有效预压力 N_p 值有较大影响。根据工程应用的可能情况，对 XPB1 的预压轴力 N_p 从实际压应力 N_p 的 0.75 倍调整到 1.05 倍，步长为 $0.01N_p$，并保持其他参数不变，采用式（4.53）计算 k 值。计算的 k-N_p 关系曲线如图 4.5 所示（横坐标表示倍数）。

从图 4.5 中看出，随着 N_p 的增大，k 值降低，k 与 N_p 成反比。N_p 从实际值的 $0.75N_p$ 增至 $1.1N_p$，改变量为 46.6%，k 值从 1.32 降低至 1.23，改变量较小，仅为 6.8%，变化幅度要比 N_p 值的变化幅度小很多，说明 N_p 值的变化对系数 k 值影响不明显。

（2）预应力等效弯矩 M_p

依据预应力等效荷载理论可知，预应力钢束线形布置及张拉控制应力值对预应力等效弯矩 M_p 值影响较大，M_p 一般由两部分组成：一是预应力钢束在构件端部位置偏心压力引起的偏心弯矩；二是预应力钢束沿梁纵轴等效荷载产生的弯矩。M_p 对系数 k 值有一定程度的影响，将 XPB1 预应力 M_p 的 0.75 倍调整到 1.05 倍，步长为 $0.01M_p$，保持其他参数不变，根据式（4.53）计算 k 值。k-M_p 关系曲线如图 4.6 所示。

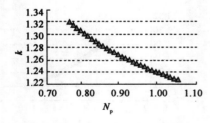 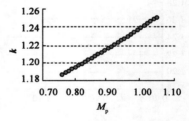

图 4.5　N_p 对 k 值影响曲线　　　　图 4.6　M_p 对 k 值影响曲线

从图 4.6 中看出，k 与 M_p 成反比，M_p 从 XPB1 实际值的 0.75 倍增至 1.1 倍，改变量为 46.6%，k 值从 1.19 降低至 1.25，改变量为 5.0%，变化幅度要比 M_p 值的变化幅度小很多，说明 M_p 的改变对系数 k 值影响不明显。

（3）预应力度值 λ

预应力度值 λ 是预应力梁的一个重要技术指标。它从一方面反映了预应力梁控制截面的使用荷载（含构件自重）效应与预应力等效荷载效应之间的数值关系；另一方面也反映了预应力梁计算控制截面的应力状况。对试验梁 XPB1

的 λ 从 0.8 增至 1.25,步长为 0.01,其他几个参数不变,将 λ 值代入式(4.53)进行计算,计算结果如图 4.7 所示。

从图 4.7 中看出,λ 值与 k 值基本成正比,k 值随 λ 值的增大呈幂函数形式递增。λ 值从 0.8 增至 1.25,改变 56%,k 值从 0.79 增至 1.76,改变了 127%,变化幅度要比 λ 值的变化幅度大很多。说明 λ 值对比值系数 k 影响较大,λ 值的大小对徐变挠度系数与徐变应变系数比值 k 有决定性的影响。

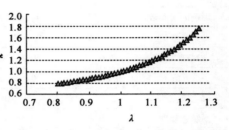

图 4.7　λ 对 k 值影响曲线

4.4.3　影响因素对 k 值的敏感性分析

从 4.4.2 节分析可知,不同因素对 k 值影响程度有较大的差异。在 N_p、M_p、λ、A_0、W 等几个影响因素中,既有对 k 值呈正向影响的,也有对 k 值呈负向影响的。为了进一步探究 k 值受这几个因素影响的敏感程度,对四根试验梁分别进行了分析,通过对这五个因素的实际参数值改变相同幅度,运用式(4.53)对 k 值进行计算,并通过对比不同影响因素变化时的 k 值变化幅度,进而判断 k 值受各影响因素的敏感程度。

试验梁 k 值影响因素敏感性分析　　　　　　　　　　　　　　　表 4.3

a) XPB1					
影响因素参数	λ	$A_0(\text{mm}^2)$	$W(\text{mm}^3)$	$N_p(\text{kN})$	$M_p(\text{kN} \cdot \text{m})$
实际参数值	1.12	83418	5934936	334	36.5
参数改变量	$-20\% \sim 10\%$	$-20\% \sim 10\%$	$-20\% \sim 10\%$	$-20\% \sim 10\%$	$-20\% \sim 10\%$
k 值	$0.87 \sim 1.65$	$1.19 \sim 1.26$	$1.30 \sim 1.22$	$1.30 \sim 1.22$	$1.19 \sim 1.26$
k 值改变量	$-30\% \sim 34\%$	$-4\% \sim 2\%$	$5\% \sim -2\%$	$5\% \sim -2\%$	$-4\% \sim 2\%$
敏感程度	敏感	不敏感	不敏感	不敏感	不敏感

b) XPB2					
影响因素参数	λ	$A_0(\text{mm}^2)$	$W(\text{mm}^3)$	$N_p(\text{kN})$	$M_p(\text{kN} \cdot \text{m})$
梁参数值	0.91	83514	5951791	313	36.5
参数改变量	$-20\% \sim 10\%$	$-20\% \sim 10\%$	$-20\% \sim 10\%$	$-20\% \sim 10\%$	$-20\% \sim 10\%$
k 值	$0.74 \sim 1.0$	$0.90 \sim 0.88$	$0.87 \sim 0.89$	$0.87 \sim 0.89$	$0.90 \sim 0.88$
k 值改变量	$-17\% \sim 13\%$	$1\% \sim -1\%$	$-2\% \sim 0\%$	$-2\% \sim 0\%$	$1\% \sim -1\%$
敏感程度	敏感	不敏感	不敏感	不敏感	不敏感

c) XPB3

影响因素参数	λ	$A_0(\text{mm}^2)$	$W(\text{mm}^3)$	$N_p(\text{kN})$	$M_p(\text{kN}\cdot\text{m})$
梁参数值	1.05	85435	6111773	334	36.5
参数改变量	$-20\% \sim 10\%$	$-20\% \sim 10\%$	$-20\% \sim 10\%$	$-20\% \sim 10\%$	$-20\% \sim 10\%$
k 值	$0.80 \sim 1.27$	$1.04 \sim 1.05$	$1.06 \sim 1.04$	$1.06 \sim 1.04$	$1.04 \sim 1.05$
k 值改变量	$-23\% \sim 21\%$	$-1\% \sim 0\%$	$1\% \sim -1\%$	$1\% \sim -1\%$	$-1\% \sim 0\%$
敏感程度	敏感	不敏感	不敏感	不敏感	不敏感

d) HPB1

影响因素参数	λ	$A_0(\text{mm}^2)$	$W(\text{mm}^3)$	$N_p(\text{kN})$	$M_p(\text{kN}\cdot\text{m})$
梁参数值	0.96	79538	5366899	282	40.4
参数改变量	$-20\% \sim 10\%$	$-20\% \sim 10\%$	$-20\% \sim 10\%$	$-20\% \sim 10\%$	$-20\% \sim 10\%$
k 值	$0.76 \sim 1.10$	$0.95 \sim 0.94$	$0.93 \sim 0.95$	$0.93 \sim 0.95$	$0.95 \sim 0.94$
k 值改变量	$-19\% \sim 17\%$	$1\% \sim 0\%$	$-1\% \sim 1\%$	$-1\% \sim 1\%$	$1\% \sim 0\%$
敏感程度	敏感	不敏感	不敏感	不敏感	不敏感

从表 4.3 中可以看出,对四片试验梁的 N_p、M_p、λ、A_0、W 这四个因素分别在试验数值的基础上改变 $-20\% \sim 10\%$,k 值变化幅度也不一致,其中 k 值变化最大的为 $2\% \sim +5\%$,最小的为 $-1\% \sim +1\%$,多为 $\pm 3\%$ 左右,说明 k 值对这四个因素的变化不甚明显。根据工程中预应力混凝土梁的实际情况,对四片梁的 λ 值在实际数值的基础上改变 $-20\% \sim 10\%$,k 值变化较大,其中 XPB1 的 k 值变化最大,可达 $-30\% \sim 34\%$;XPB2 的 k 值变化最小,但也可达 $-17\% \sim 13\%$,变化幅度均超过了 λ 值的本身改变量,说明 k 值受预应力度值 λ 的变化影响比较敏感。因此从表 4.4 的数据对比中可看出:在 N_p、M_p、λ、A_0、W 这几个因素中,预应力度值 λ 是最主要因素,其他几个因素对 k 值影响较小,可推论 N_p、M_p、A_0、W 为次要因素。

式(4.53)与式(4.55)对试验梁 k 值计算值对比 表 4.4

梁编号	XPB1	XPB2	XPB3	HPB1
预应力度 λ	1.12	0.91	1.04	0.96
①式(4.53)计算值	1.24	0.89	1.05	0.94
②式(4.55)计算值	1.28	0.92	1.08	0.96
②/①	1.03	1.03	1.02	1.00

4.4.4 考虑预应力度和徐变系数共同影响的徐变挠度系数简化公式

由上述分析可知,在 N_p、M_p、λ、A_0、W 这几个因素中,预应力度值 λ 是影响预应力梁徐变挠度系数与徐变系数比值的最主要因素,其他几个因素对 k 值的影响较小。在实际工程应用中,可以忽略次要因素,对式(4.53)进行科学的简化。

通过对四片试验梁 N_p、M_p、λ、A_0、W 的参数值进行调整,然后代入式(4.53)计算,共试算了近 100 组数据,如图 4.8 所示。拟合了 k-λ 间的数值关系简化公式,如式(4.55)所示:

$$k = \frac{1}{2.586 - 1.611\lambda} \tag{4.55}$$

式中:k——预应力梁徐变挠度系数与徐变应变系数的比值;

λ——预应力度值。

本公式对 $0.6 < \lambda < 1.3$ 的预应力混凝土梁的徐变挠度系数与徐变系数的数值关系的计算是适用的。

从图 4.8 中看出,在 λ 值介于 $0.6 \sim 1.3$ 间时,拟合公式(4.55)的计算值与式(4.53)计算值较吻合。拟合公式的 $\sigma = 0.017\,3$,$R^2 = 0.996$,精度较高。实际工程中,预应力混凝土梁的预应力度值大多在这个范围内,所以简化公式(4.55)在工程中应用时可代替较为复杂的式(4.53)。采用式(4.55)和式(4.53)对四片试验梁的系数 k 进行了计算对比,如表 4.4 所示。

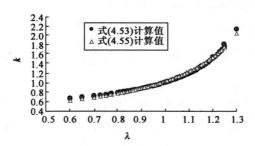

图 4.8 式(4.53)与式(4.55)的 k-λ 关系曲线对比

从表 4.4 中看出,采用简化公式(4.55)对试验梁的计算结果与采用式(4.53)的计算结果比较接近,式(4.55)的计算结果略偏高,约为式(5.53)计算结果的 1.02 倍。所以,采用式(4.55)对徐变挠度系数的预估值比式(5.53)更可靠。因此,对 λ 值介于 $0.6 \sim 1.3$ 间的预应力混凝土梁,其徐变挠度系数可采用简化表达式如式(4.56)所示:

$$\varphi_f(t,t_0) = \frac{1}{2.586 - 1.611\lambda} \cdot \varphi_c(t,t_0) \qquad (4.56)$$

对 λ 值介于 $0.6 \sim 1.3$ 间的折线先张梁徐变挠度的计算,只需将第 3 章中建立的徐变系数计算公式(3.24)代入式(4.56),可得徐变挠度系数表达式:

$$\varphi_f(t,t_0) = \frac{2.53}{2.586\lambda - 1.611\lambda^2} \cdot k_d \cdot k_v \cdot k_{RH} \cdot k_c \cdot \frac{(t-t_0)^{0.6}}{8 + (t-t_0)^{0.6}}$$

$$(4.57)$$

4.5   预应力混凝土梁徐变挠度计算公式

4.5.1   常见的徐变挠度计算方法

造成长期挠度增量的主要因素是混凝土收缩和徐变的影响,但收缩与应力因素无关,而应力是影响徐变主要因素之一。当前,只有少数科研工作者在进行钢筋混凝土梁长期挠度研究时,将徐变挠度单独考虑,主要有以下几类:

(1)文献[103]公式

同济大学朱伯龙教授在 1992 年主编的《混凝土结构设计原理》一书中指出,徐变引起的挠度 Δ_{cp} 可按下式计算:

$$\Delta_{cp} = K_r \cdot C_t \cdot \Delta_s \qquad (4.58)$$

式中:Δ_s——短期荷载引起的瞬时弹性挠度;

C_t——徐变系数;

K_r——小于 1 的系数,其值可由 $K_r = \dfrac{0.85}{1 + 50\rho'}$ 来确定,其中,ρ' 为梁类构件

受压区的配筋率。

实际上,该公式计算徐变挠度时引入的系数 K_r,与 ACI—1977 年规范、AASHTO—1994 年规范对长期挠度修正系数计算时相似,两规范均建议对混凝土收缩、徐变共同引起的终极挠度值系数 λ,可按式 $\lambda = 2.0 - 1.2\rho'/\rho \geqslant 1.6$ 计算确定,ACI—1983 年规范建议对 5 年以上的构件,$\lambda = 2/(1 + 50\rho')$。

从式(4.58)中看出,该模式认为徐变挠度与徐变系数有关,徐变挠度系数是徐变系数的折减,即认为在正常配筋情况下,徐变挠度系数小于徐变系数。

(2)Mayer. H 公式[104]

H. 迈尔(Mayer. H)在 1967 年所著的"钢筋混凝土构件的挠度变形对建筑物的损坏"一文中指出,计算由徐变产生的挠度增量简化公式:

$$\Delta \delta_{cr}(t, t_0) = \delta_0 \cdot K_{\varphi} \cdot \varphi(t, t_0) \tag{4.59}$$

式中：δ_0——初始弹性挠度，可根据结构力学的方法计算；

$\varphi(t, t_0)$——徐变系数；

K_{φ}——折减系数，该系数与构件拉、压区的配筋率 ρ、ρ' 及纵筋与混凝土弹性模量比值 $\alpha_E(t_0)$ 有关：

$$K_{\varphi} = \frac{1}{12} \sqrt{100 \rho \alpha_E(t_0)} \cdot \frac{1}{1 + \dfrac{\rho'}{\rho}}$$

从 K_{φ} 表达式中可看出，对正常配筋的混凝土梁，K_{φ} 是小于 1 的系数；根据徐变挠度系数的定义可知，式(4.59)反映的徐变挠度系数也小于徐变系数。

（3）文献[105]公式

文献[105]指出，徐变和收缩是引起钢筋混凝土梁长期变形增大的主要原因，徐变变形与荷载有关，而收缩变形与荷载无关，两者导致长期变形增大的机理并不相同，因此一般建议将徐变变形和收缩变形分开计算。混凝土徐变引起的徐变挠度 f_c 是将加载瞬时弹性挠度 f_1 乘以增大系数 λ_c，λ_c 可按式(4.60)计算：

$$\lambda_c = \frac{K \cdot \xi \varphi}{1 + 6.3 n \rho'} \tag{4.60}$$

式中：K——折减系数，文献[105]建议取 $K = 0.77$；

ξ——混凝土梁相对受压区高度，文献[105]建议取 $\xi = 0.4$；

φ——混凝土徐变系数；

ρ'——受压钢筋配筋率；

n——受压区非预应力钢筋与混凝土的弹性模量比值。

从式(4.60)中看出，当 $\rho' = 0$ 时，λ_c 有最大值，此时，$\lambda_c \approx 0.3 \varphi$；实际上 λ_c 仍是对混凝土徐变系数的折减系数。

4.5.2 考虑预应力度和徐变综合影响的徐变挠度计算模式

结合 4.2 节 ~ 4.3 节的研究，以及根据徐变挠度系数的定义，预应力梁的徐变挠度可采用式(4.61)计算：

$$f_c = k \cdot \varphi_c(t, t_0) \cdot f_1 \tag{4.61}$$

其中：

$$k = \frac{\dfrac{N_P}{A_0}\left(1 + \dfrac{1}{\lambda}\right) + \dfrac{M_P}{W}\left(\dfrac{1}{\lambda} - 1\right)}{\dfrac{N_P}{A_0} \cdot \dfrac{2}{\lambda} + \dfrac{2M_P}{W}\left(\dfrac{1}{\lambda} - 1\right)}$$

111

因此,通过式(4.61),就可将徐变挠度与徐变系数建立联系,在徐变系数已知的情况下,我们可进一步计算徐变挠度值。k 是在徐变系数确定的情况下,受预压应力 N_p、预应力产生的弯矩值 M_p、预应力度 λ、构件的截面面积 A_0 及构件抗弯截面模量 W 等因素影响的综合性系数。

对 λ 值介于 $0.6 \sim 1.3$ 间的预应力梁,徐变挠度可按式(4.62)简化计算:

$$f_c = \frac{1}{2.586 - 1.611\lambda} \cdot \varphi_c(t, t_0) \cdot f_1 \tag{4.62}$$

从式(4.61)中看出,除了影响徐变系数的因素会对徐变挠度产生影响外,预应力梁的 N_p、M_p、λ、A_0、W 等因素亦会对徐变挠度产生影响。

对于 λ 值介于 $0.6 \sim 1.3$ 间的折线先张预应力混凝土梁,其徐变挠度可采用式(4.63)计算:

$$f_c = \frac{2.53}{2.586\lambda - 1.611\lambda^2} \cdot k_d \cdot k_v \cdot k_{RH} \cdot k_c \cdot \frac{(t - t_0)^{0.6}}{8 + (t - t_0)^{0.6}} \cdot f_1 \tag{4.63}$$

4.5.3 试验梁徐变挠度在不同计算模式下的计算值对比

从上述四种徐变挠度计算公式中看出,徐变挠度值均与徐变系数有关。在徐变系数已知的情况下,不同徐变挠度计算模式下的徐变挠度计算值差异较大。本文分别采用文献[103]公式、Mayer. H 公式、文献[105]公式和本试验徐变挠度计算公式,对四片试验梁的徐变挠度值进行了计算,并与相同时刻的长期挠度实测值进行了对比,如表 4.5 所示。

不同计算公式下徐变挠度计算值与同期长期挠度实测值(603d)对比 表 4.5

梁编号	XPB1	XPB2	XPB3	HPB1
①长挠增量实测值	3.93	6.77	3.25	11.07
②文献[103]公式	2.53	6.13	1.81	10.65
②/ ①	0.64	0.91	0.56	0.96
③Mayer. H 公式	0.74	1.87	0.59	3.26
③/ ①	0.19	0.28	0.18	0.29
④文献[105]公式	0.92	2.22	0.69	3.86
④/①	0.23	0.33	0.21	0.35
⑤本书式(4.61)	3.69	6.42	2.80	10.65
⑤/①	0.94	0.95	0.86	0.96
⑥本书式(4.62)	3.81	6.42	2.88	10.90
⑥/①	0.97	0.95	0.89	0.98

注:1. 长期挠度与徐变挠度计算模式中的徐变系数均为试验梁持荷 600d 的徐变系数实测值。

　　2. 挠度值单位均为 mm。

从表4.5中看出,Mayer. H公式、文献[103]公式、文献[105]公式由于考虑的因素较少,大多只考虑了含钢率对徐变的影响,计算的徐变挠度值明显偏小。对加载龄期较晚的预应力混凝土梁,长期挠度主要以徐变挠度为主,而 Mayer. H模式与文献[105]模式计算的徐变挠度只占长期挠度的30%左右;文献[103]模式由于没有考虑到预应力度值对徐变挠度的影响,仅考虑了受压区的配筋率因素,对 XPB1、XPB3 两根全预应力梁的徐变挠度值的计算结果明显偏小。表明 Mayer. H公式、文献[103]公式、文献[105]公式计算预应力混凝土梁徐变挠度值误差过大。式(4.61)及其简化式考虑了徐变系数及预应力度等一系列参数对徐变挠度的影响,徐变挠度计算值较为接近长期挠度实测值,考虑到收缩挠度的存在,表4.5 显示的长期挠度比徐变挠度值略大是合理的。

第5章 应力状态对混凝土徐变性能的影响

5.1 大跨径预应力混凝土梁现代布束技术及其对混凝土应力状态的影响

大跨径预应力混凝土桥梁以其良好的结构性能和优美的外形在世界各地得到了广泛的应用。但大量的工程实例表明,诸多在役大跨径预应力混凝土桥梁的长期变形已远远超出了设计的预期,影响到桥梁的使用寿命和行车舒适与安全。不少学者从理论与实践方面进行了深入的探讨和分析,发现预应力多向布束使混凝土应力状态复杂化是造成桥梁长期变形预测不准的重要原因之一。近年来,预应力混凝土桥梁中采用多向布束技术,以及折线形布束先张法预应力混凝土梁在公路、铁路桥梁中的应用日益广泛,研究预应力筋布束方式对混凝土应力状态的影响及其规律,并进一步研究应力状态对预应力混凝土梁徐变性能的影响,是构建精确的桥梁长期挠度计算模式的重要环节。

5.1.1 大跨径预应力混凝土箱梁布束技术

在大跨径预应力混凝土梁中,将各种预应力筋束在不同位置布置,对桥梁结构性能的影响较大,且可能造成局部应力不合理,如主拉应力过高,进而造成预应力损失较大、施工不方便。不同的预应力钢束布置方案,对由于混凝土收缩徐变等长期影响产生的预应力损失也将不同,对结构长期性能的影响也将会有差异。

理论和实践表明:竖向预应力是抵抗剪切力和主拉应力或拉应力的关键。如没有设置竖向预应力筋的箱梁腹板,开裂将更为严重。为了满足箱梁施工和运营阶段的受力要求,大多数箱梁的预应力布置都采用三向预应力体系[107]。传统的纵向预应力布束方案是根据受弯梁的弯矩包络图设计,也就是根据受弯梁在不同应力状态下的破坏形态设计(图5.1)。为满足连续刚构桥标准化施工的要求,使预应力布束更加方便,并减少预应力筋的用量以降低成本,在箱梁受力符合要求的前提下,对传统的纵向预应力布束进行了优化配置(图5.2),根据以上的优化目标,国内外已经建成了大量此种预应力连续箱梁桥。20世纪80年代末以来,通过对连续刚构桥布束理论的深入研究,设计方案取消了连续束和弯起束,采用了直线形的纵向预应力布束方案,通过纵向预应力和竖向预应力配合使用来抵抗主拉应力的作用(图5.3)。

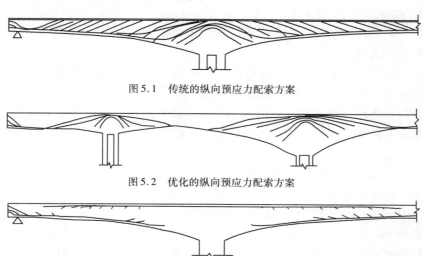

图5.1 传统的纵向预应力配索方案

图5.2 优化的纵向预应力配索方案

图5.3 直线式纵向预应力配索方案

大跨径预应力梁布束方式有以下几类:

(1)第一种:布置预应力钢筋纵向束、弯起束、下弯束和连续索。

(2)第二种:纵向直线束、竖向束。

(3)第三种:综合前两种布束方案,分别布置前期束和后期束。前期束即纵向顶板直线束、腹板下弯束和竖向束,后期束即底板束。当前,大跨径预应力混凝土箱梁常用的布束方案多为第三种。

第一种布束方式是通过纵向腹板下弯索和底板弯起索来直接提高斜截面抗剪力;第二种布束方式是通过设置竖向预应力来增强混凝土的抗剪性能;第三种布束方案,一方面通过设置竖向预应力来增强混凝土的抗剪性能,另一方面在箱梁高度较高位置(靠近墩身附近梁段)设置腹板下弯束,直接提高腹板斜截面的抗剪能力。因此,现代布束技术使桥梁结构的混凝土应力状态更加复杂,研究复杂应力状态下的混凝土徐变性能是必要的。

5.1.2 多向布束对桥梁结构混凝土应力状态的影响

1)下弯束、弯起束及连续束对桥梁结构混凝土应力状态的影响

国外连续刚构和连续梁的配索方案完全是根据钢筋混凝土结构配筋原理设

置。对连续梁采用了顶板索、底板索、下弯索和弯起索,对连续刚构桥又增加了连续索。实际上,下弯索、弯起索将对腹板施工时混凝土浇筑质量影响较大[108,109]。如在广东洛溪大桥设计时,考虑到上述配索方案的缺陷,取消了弯起索,而下弯索只象征性地设置了极少部分。这种配索方案显著的优点是:

(1)腹板长度的 90% 内均无纵向预应力管道,从而给腹板混凝土的浇筑带来了极大的方便。

(2)钢绞线设置在结构的最大受力部位,充分发挥了钢绞线的作用,从而可节约预应力钢材 20% ~30% ,有着显著的经济效益。

预应力连续梁和连续刚构桥由于设置了强大的纵向预应力和竖向预应力,有效提高了结构竖向抗剪切能力。其竖直截面的抗剪能力应由三部分组成,即

$$\tau = \tau_{\alpha} + 0.2\sigma_x + 0.4\sigma_y \tag{5.1}$$

式中:τ_{α}——混凝土本身的抗剪能力;

σ_x——纵向预应力产生的正应力;

σ_y——竖向预应力产生的竖向预应力。

对任何一座预应力混凝土梁式桥,仅计 τ_{α} 和 $0.2\sigma_x$ 就可以完全满足竖直截面的抗剪要求。预应力混凝土连续梁和连续刚构桥在考虑最不利荷载组合后,如果按全预应力设计,则为小偏心受压构件。从桥梁结构整体而言,主梁是一个以受弯为主的梁式结构,但加上较大的纵向预应力之后,主梁实际成为一个小偏心受压构件,在此情况下,仅考虑纵向预应力在竖直截面产生摩阻力,就可满足竖直截面的抗剪要求,因此没有必要设置下弯索。

传统的预应力混凝土连续刚构桥的布束方案是按照普通钢筋混凝土结构设计原理设计的,因此连续梁桥配置了顶板束、底板束、弯起束和下弯束,而连续刚构桥又增加了连续束。在以往的研究成果中指出,设置腹板下弯束和弯起束能够抵抗腹板的主拉应力,但弯起束在桥梁中的纵向间隔通常为一个梁高,而预应力按照一定的扩散角作用于混凝土,因此会在相邻弯起束之间出现预应力盲区(按照德国规范为 26°),盲区高度大约为 0.39 倍的梁高,并且盲区已经进入腹板,降低了该区域腹板抵抗主拉应力的能力[110,111]。

为解决以上布束方案出现的问题,在以后连续刚构桥的设计中,取消了腹板下弯束,而只配置顶、底板束,仅在受力有特殊要求的边跨端部设置一定的弯起束。这种布束方案通过纵向预应力与竖向预应力的配合作用来控制腹板的主拉应力。竖向预应力的间距为 0.5~0.7m,考虑预应力的扩散角为 26°,则出现的预应力盲区的高度为 0.53~0.75m,一般该区域在顶板与腹板相接的承托范围内,不会进入腹板主拉应力的控制范围。我国修建的主跨 270m 的虎门大桥辅

航道连续刚构桥就是采用此种布束方案,并随后在全国得到了推广。而通过对此类桥梁的调查研究,部分学者也对直线形配束理论依据的合理性提出了质疑,其有待于深入的研究。

因此,可以取消下弯索和弯起索,适当调整顶板索、底板索和竖向预应力筋,从而将腹板的主拉应力控制在预期值范围之内,这样不仅减少了预应力钢材用量,而且使腹板的主拉应力得到了全面有效控制。

2)现代综合布束方案及其对混凝土应力状态的影响

目前,连续梁、连续刚构的预应力布束方案一般是采用5.1.1节中所述的第三种方案,以纵向预应力和竖向预应力相结合来控制主拉应力。由于在已建部分连续梁、连续刚构桥中出现了腹板斜剪切裂缝,明显表现出斜截面上抗主拉应力不够,而竖向预应力又是靠拧紧螺帽来施加,人为损失较严重,因此采用现有布束方案在理论上将更加可靠,并且部分采用腹板下弯束对施工方便性的影响不是很大。

5.2　不同应力状态下混凝土徐变研究

5.2.1　不同应力状态下混凝土徐变性能

（1）单向轴压条件下混凝土徐变

传统的单向轴压徐变试验,是通过对 $100\text{mm} \times 100\text{mm} \times 400\text{mm}$ 的棱柱体试件在相对湿度 65%、温度 $20℃$ 条件下,施加压应力后保持外荷载不变,获取应变增量随时间变化关系的曲线,如图5.4所示。

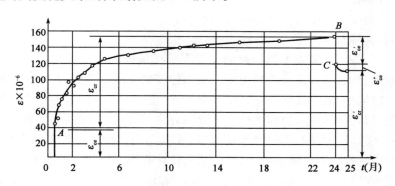

图 5.4　混凝土单轴徐变时程曲线

图 5.4 中, ε_{ce} 为加荷时产生的瞬时弹性应变, ε_{cr} 为随时间而增长的应变,即

混凝土的徐变。从中可以看出,徐变在前4个月增长较快,6个月可达终极徐变的70% ~ 80%,以后增长逐渐缓慢,2年时间的徐变为瞬时弹性应变的2 ~ 4倍。在2年后卸荷时,其瞬时恢复应变为ε'_{ce};经过一段时间(约20d),试件还将恢复一部分应变ε''_{ce},称为弹性后效,弹性后效是由混凝土中粗集料受压时的弹性变形逐渐恢复引起的,其值仅为徐变变形的1/12左右;最后还将留下大部分不可恢复的残余应变ε'_{cr}。

影响轴压状态下混凝土徐变的因素很多,总的来说影响因素可分为三类:内在因素、环境影响和应力条件。

内在因素主要是指混凝土的组成与配合比。水泥用量大,水泥胶体多,水胶比越大,徐变越大。要减小徐变,就应尽量减少水泥用量,减少水胶比,增加粗集料所占体积及集料本身的刚度。

环境影响主要是指混凝土的养护条件以及使用条件下的温湿度影响。养护的温度越高,湿度越大,水泥水化作用越充分,徐变就越小,采用蒸气养护可使徐变减少20% ~ 35%;试件受荷后,环境温度低、湿度大,以及体表比(构件体积与表面积的比值)越大,徐变就越小。

应力条件的影响包括加荷时施加的初应力水平和随混凝土龄期增长而引起的相对应力(施加的初应力与混凝土对应龄期的抗压强度的比值)的变化等方面。在同样的应力水平下,加荷龄期越早,混凝土硬化越不充分,徐变就越大;在同样的加荷龄期条件下,施加的初应力水平越大,徐变就越大。

混凝土在单向轴压状态下混凝土徐变性能应用非常广泛,很多工程现场徐变试验均是采用此种应力条件下获取的徐变性能,但是,诸多桥梁长期挠度远远超过设计预期值,复杂应力状态桥梁徐变效应分析时仍套用混凝土单轴徐变模式,可能是造成桥梁结构长期挠度预测不准的主要原因之一。

(2)拉伸徐变

大量研究表明,混凝土的抗拉强度只有抗压强度的1/10左右。因此,在混凝土拉伸徐变试验中,其加荷应力要比压缩徐变试验的加荷应力小得多,相应的拉伸变形也很小,故其变形测量精度相对较差,误差大。开展拉伸徐变试验要比压缩徐变试验困难得多,当前的徐变性能研究中,拉伸徐变试验做的较少。进行轴向拉力试验时,即使时间很短也很困难,尤其是当混凝土在加载后发生干燥,则同时发生的收缩应变将数倍于徐变,从而使计算值产生过大的误差。

20世纪30年代末,葛兰维尔(Glanville)和汤玛斯(Thomas)发现在应力值相等时,受拉和受压的总徐变是相等的。戴维斯(Davis)等则发现当应力相同时,受拉徐变的初始速率大于受压徐变。但是,当荷载持续一个月以后,拉力徐变的速度将大幅度降低,以致长期的拉力徐变可能小于压力徐变[49]。

前苏联的有些试验说明封闭混凝土的拉力徐变高出压力徐变。当应力小于强度的 0.5 时,拉力徐变与所施应力为线性关系。当永久应力超过某一限值时,将出现不稳定徐变,即徐变的速度不再递减并稳定于某一定值,而是不断发展达到破坏。关于混凝土龄期的影响,拉力徐变与压力徐变相似,即随着加载龄期的增加,徐变趋向于减小。关于内在因素的影响,拉力徐变与压力徐变也很相似,当水灰比增加时,拉力徐变也增大。当集料与水泥比值增加,拉力徐变则减少;同样,拉力徐变也随着水泥含量的增加而增加。

(3)多轴徐变

大多数混凝土和钢筋混凝土结构,是在空间应力持续作用条件下工作的。尤其是预应力桥梁纵向、横向、竖向等多向布束技术使桥梁混凝土处于复杂的应力状态,因此,研究二轴或三轴应力状态下混凝土徐变特性是必要的。

在单轴正常工作压力(约 40% 设计强度)作用下,应力与徐变呈线性关系已被很多试验所证实。同时发现,在轴向应力作用下,不仅在加荷方向产生徐变,而且在与加荷垂直的方向也产生徐变。因此,混凝土结构在二轴、三轴应力作用下,三个方向的徐变将互相影响。根据郭巴勒克立煦南(Gopalakrishnan)等在1969 年发表的试验结论,多轴向压力下的徐变小于同样大小的单轴向压力下产生于所给方向的徐变,同时,三个方向的有效徐变泊松比也是不相等的,其大小取决于三个方向应力组合情况[112]。

柯敏勇等[113]对桥用高强混凝土进行了双轴徐变试验,采用十字交叉梁开展了 4 种应力组合条件下的高强混凝土双轴徐变试验,即应力组合分别为14MPa 和 2 MPa、6 MPa 和 2 MPa,对比开展了单轴压应力为 6 MPa 和 14MPa 的高强混凝土收缩徐变试验,分析单、双轴徐变和应力组合对高强混凝土收缩徐变的影响。研究结果表明:应力组合对高强混凝土徐变影响显著,360d 双轴应力条件下的徐变系数仅为相应单轴徐变系数的 75%,采用现有收缩徐变预测模型不能较好地预测高强混凝土的实际徐变发展过程,而采用指数函数具有较好的拟合精度,如图 5.5 所示。高虎等也指出,早龄期混凝土双轴压缩徐变比单轴徐变小 30% 左右。

惠荣炎等[114]对尺寸为 $\phi 15 \times 45cm$ 的圆柱体试件进行了三轴试验,轴向和环向均为压缩应力,做了 4 组三轴徐变试验。分别在 3d、7d、28d 和 120d 龄期加荷,为了比较,还做了相应龄期的单轴徐变试验。通过试验,获得了三轴徐变的变化规律,指出多轴徐变度比单轴小,在早龄期约为单轴徐变度的 68%,在晚龄期约为 90%;多轴徐变恢复为加荷徐变的 25% ~ 78%,比单轴徐变恢复大得多。

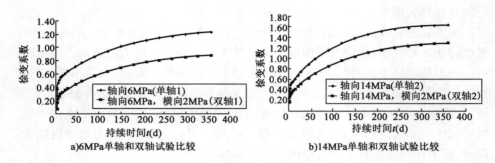

a)6MPa单轴和双轴试验比较　　　　　b)14MPa单轴和双轴试验比较

图5.5　单轴与双轴徐变系数

（4）弯曲徐变

对于预应力混凝土梁类构件,弯、压应力状态经常相伴而生。一般说来,应变梯度能延缓混凝土中砂浆的开裂,提高破坏前的应变值。因此根据轴压应力试验的应力—应变数据来确定挠曲强度是偏于保守的。试验表明,在不均匀应力状态下,最大徐变发生在最高的应力纤维处[49]。美国陆军工程师团的试验表明[115],直接受拉试件的拉伸徐变小于受弯试件的拉伸徐变,并推测是由于弯曲受拉时断面应力梯度不同所致;混凝土梁受力弯曲时,受拉侧与受压侧的徐变也不同。研究存在应变梯度情况下的混凝土徐变性能,及其与单向轴压条件下混凝土的徐变性能之间相关性,对研究预应力混凝土梁的长期变形是有益的。

福州大学罗素蓉等[116]对自密实混凝土拉压徐变进行了试验比较,对32根梁式自密实混凝土试件进行三点弯曲持续加载,对测得梁体受拉区和受压区应变数据进行累加,得到自密实混凝土受拉徐变的发展特征曲线,并得到自密实混凝土梁拉压徐变比。研究了自密实混凝土养护龄期、水胶比和粉煤灰掺量对拉压徐变度比值的影响,试验结果如图5.6所示。通过试验结果分析得到:无论是开放状态还是密封状态下,自密实混凝土拉伸徐变都略小于压缩徐变,除拉压基

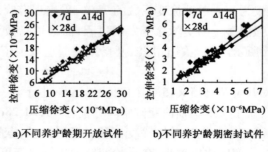

a)不同养护龄期开放试件　　　　b)不同养护龄期密封试件

图5.6　拉伸与压缩徐变数值关系

本徐变比随粉煤灰掺量的增大略微增加外,拉伸徐变与压缩徐变的比值随着养护龄期、水胶比和粉煤灰掺量的增大而减小。

(5)其他应力状态下的徐变

1934年,安德森(Andersen)首先论证了扭转徐变的存在,并发现扭转徐变与压缩徐变类似。1962年,兰伯特(H. Lambotte)试验表明,扭转徐变与瞬时变形之比(徐变系数)与压缩徐变大致相同[49]。扭转徐变与剪切应力之间的线性关系在较高应力比下仍存在。加荷龄期对扭转徐变的影响也与压缩徐变相似,但相对湿度对扭转徐变的影响与压缩徐变是否类似目前尚存在争议,由于该类试验难度甚大,目前该方面试验资料尚不多见。

桥梁结构在行驶车辆反复作用之下,混凝土徐变变形及徐变恢复对其长期变形影响较大。一般说来,在总的作用时间相同时,由周期荷载产生的徐变将大于由数值上等于周期荷载平均值的持续不变荷载所产生的徐变。试验资料表明,周期徐变不可恢复。行车密度对桥梁由荷载产生的徐变不可忽略,而目前公路或铁路桥梁的设计多不考虑活载的徐变是值得商榷的。

在正常工作应力作用下,混凝土徐变速率随时间而减小。但是在高应力作用下,变形速率随时间不断增加,直至破坏,同时也产生很大的横向变形。因此,在高应力作用下的徐变泊松比超过0.5,即为混凝土内部微裂缝增加所致。

5.2.2 不同应力状态下混凝土徐变试验技术

1)混凝土徐变量测技术

混凝土徐变变形是指混凝土结构构件在长期荷载作用下,徐变引起的应变或挠度持续增加值。徐变变形量测的仪器选择应考虑试件大小、形状及试验的重要程度,要求量程、精度都满足要求,并且要求具有良好的长期稳定性和耐久性。

混凝土结构徐变变形量测包括徐变应变量测和挠度量测。

(1)徐变应变的量测

应变量测的设备有电阻式应变计、钢弦式应变计、手持千分尺等。

电阻式应变计以电阻比变化显示被测试件的应变,是一种预埋式量测仪器,它不仅可用于混凝土徐变试验,还可以预埋在混凝土大坝内部,以观测大坝变形。这种仪器工作可靠,精度较高,不受外界干扰,测量方便,但价格较贵,一般用于比较重要的工程试验。南京水利电力仪表厂生产两种定型产品,即 DI-25 型和 DI-10 型。DI-25 型应变计的测距为25cm,压缩量程为 1000×10^{-6},相当于 0.25mm 的压缩量,精度 3.5×10^{-6};受拉量程为 500×10^{-6},相当于 0.125mm 的拉伸量。常用于 $\phi15cm \times 45cm$ 和 $\phi20cm \times 60cm$ 试件的徐变试验。DI-10 型应变计测距为 10cm,压缩量程为 1200×10^{-6},精度 5.8×10^{-6},比 DI-25 型精度差。

钢弦式应变计以频率的变化显示被测试试件的变形,主要由左右端座、钢弦和线圈等组成。其原理即为当被测结构物发生应变时,应变计左右端产生相对位移并传递给钢弦,使钢弦受力发生变化,从而改变钢弦的固有频率;测量仪表输出的脉冲信号通过线圈激振钢弦,并检测出线圈所感应信号的频率,经换算得到被测结构物的应变量。该仪器工作可靠,量测方便,灵敏度高,也是一种预埋式仪器,价格较电阻式应变计便宜。

手持式千分尺分为数显式和人工读数式。数显手持式千分尺具有极高的测量精度和优秀性能。分辨率 $1\mu m/.00002"$,精度 $3\mu m$,可保证很高的测量精度。可通过一个手持式控制器(或 RS-232C 接口) 实现远程控制;内置模拟指针显示可轻松实现跳动测量。千分尺量程规格较多,用于混凝土徐变应变量测时,根据构件规格选择不同量程,并可以通过试验初期与电测应变进行校核。该设备受测量人员及环境温度的影响,精度往往受到制约。

(2)徐变挠度的量测

挠度量测大多采用千分表,对精度要求不高的也可以采用高精度全站仪等设备。

千分表是一种表面测量变形的机械式仪表,这种仪表量程大,可用于高应力作用下的徐变试验。这种仪表价格便宜,可以重复使用。但千分表滞后效应明显,易受外界干扰,一般用于不重要的工程试验和非密封试件的徐变试验。

2)单轴压缩徐变试验加载方法

单轴压缩徐变是对混凝土试件施加长期轴向恒压荷载的方法,量测获取徐变应变值。该试验对加荷装置的要求是荷载稳定,加荷后不需调整荷载或调荷次数少,加荷范围大,且操作简单,测读方便准确,受温度影响小,体积小,价格便宜等。同时满足上述要求的加荷设备一般不易实现,当前加荷方法有传统加荷方法和预应力法。

(1)传统加荷方法

传统的加荷装置有杠杆式、弹簧式、弹簧杠杆式和液压式[115]。

杠杆式压缩加荷装置是早期压缩徐变试验装置,它利用杠杆原理把所加的静荷载放大,施加荷载用砝码、配重块或水箱等。杠杆式压缩加荷装置结构简单,操作方便,但所占面积较大,加荷量小,且荷载误差较大,目前已很少使用。

弹簧式压缩徐变装置是依靠千斤顶加载,由弹簧反力来维持荷载恒定。由于混凝土徐变和收缩引起的相对位移使荷载减小,因此要经常调整荷载。一般在加荷后 2～3 月内调整荷载 3～5 次即可。弹簧徐变仪是目前我国应用最多的加荷装置,水电、交通、建筑、铁道等部门的徐变试验室大多配有这种装置,这种装置具有占地面积小、体积小、加荷方便及工作可靠等优点,但其吨位有一定限制,一般加荷范围在 30t 以下。

弹簧杠杆式徐变机用弹簧来维持恒压,又可以利用杠杆原理提高加荷吨位,常用于高应力徐变试验。由于杠杆的支点不在一个水平面上,试件稍有变形,杠杆即失去水平,造成很大荷载误差,故该种加荷装置也受制约。

液压式徐变机包括加荷系统和液压稳压系统两部分。中国水科院已于 1981 年成功研制了液压徐变机,有 40t、100t 与 200t 三种吨位。这种徐变机加荷量大、压力稳定、精度高,但结构复杂、成本高。

(2)预应力后张法加荷

采用施加预应力方法对混凝土加载,并通过后期补偿预应力损失以实现长期恒载,东南大学钱春香教授等对桥用高性能混凝土进行徐变试验时采用该方案并获得成功,并谓之"葫芦串法",如图 5.7 所示。

图 5.7　预应力法施加轴压力的徐变试验方案

该方案的具体步骤为:

①将每种强度等级的混凝土制作成型尺寸为 130mm × 130mm × 400mm 的试件 4 组,中间预埋直径为 30mm 的 PVC 管作为加载时预应力筋通道,混凝土试件成型时,在中间位置预先埋设振弦式应变计。

②使用穿心式千斤顶张拉预应力筋。在施加预应力前,首先读取压力传感器初值、应变计及千分表初值,同时用手持式千分尺量测应变测点初始间距。退顶锚固后,立刻获取压力传感器压力值、千分表值及应变值,和初值相减后,作为实际加载值和初始弹性变形值。

③定期读取压力传感器数值,若发现传感器的数值比张拉力初值少 2% 以上时,即对预应力构件的预应力筋补张拉,保持有效预应力恒定。

④加载后的前 3 天,应变每天量测 1 次,3～30 天内每 2d 量测 1 次,30～90 天每 3d 量测 1 次。然后根据量测数据的实际情况,连续量测的间隔时间可适当调整,持续时间可根据实际情况确定。

⑤测量变形时要求在测量日的同一时段,同时量测收缩补偿试件的应变值,

123

将量测试验构件长期应变扣除收缩应变得到徐变应变。

采用预应力后张法进行混凝土单向轴压徐变试验,加载方法简单,一次试验可加载多个试块,成本较低,结构可靠。但由于预应力松弛、收缩徐变等因素造成预应力损失,后期需要多次补荷。

3)多轴压缩徐变试验加载技术

(1)双轴压缩徐变

近年来,长春机械院研制了混凝土双轴双向徐变试验机,该试验机主要用于岩石或混凝土试件在长期垂直轴向拉、压或水平轴压的徐变试验。可以同时对试样施加垂直轴和水平轴向压缩负荷或垂直轴拉伸和水平轴压缩负荷,并能同时测量试样双侧垂直轴和水平轴标距内的变形。能进行负荷和变形控制,按一定的加载速度对试样加载,达到规定的试验力或变形值时即可保持力或变形恒定,进而测量试样的力或变形随时间的变化情况。可对混凝土、岩石等试样进行单轴或双轴徐变试验、应力松弛试验;配上相应夹具,还可进行剪切试验。但该试验机造价较高。

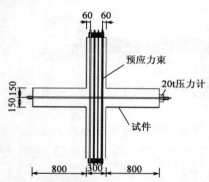

图5.8 双向预应力轴向加载示意图
(尺寸单位:mm)

南京水利科研院的柯敏勇采用双向预应力技术对混凝土试件加载,获取混凝土在双向轴压力工况下的徐变性能,如图5.8所示。该加载方案的优点是成本低,双向加载值均可控,但与前述单轴徐变实验一样,由于预应力松弛、混凝土收缩徐变等因素造成预应力损失,试验前期需要多次补加荷载。

(2)三轴压缩徐变试验

随着桥梁结构技术发展,纵向、横向、竖向三向布束比较常见,研究混凝土三轴条件下的徐变性能是必要的。三轴压缩徐变试验设备分假三轴和真三轴设备两种。所谓假三轴是用圆柱体试件,侧向力 σ_2 与 σ_3 是相同的;所谓真三轴是用立方体试件,三个方向的应力 σ_1、σ_2、σ_3 可以不同。假三轴徐变试验设备要比真三轴的简单得多,侧向加荷系统采用钢制压力室,通入压力油,通过耐油橡胶套对试件施加侧向荷载。中国水科院研制了全封闭式假三轴压力室。

随着原子能电站的发展,高温三轴徐变试验研制也应运而生,因为试件尺寸大且容易在试件中产生温度梯度和湿度梯度,所以高温三轴徐变试件往往很小。另外,采用预应力法对混凝土试件三向加载也是可行的,而且加载值是可控的。

4)弯压复合应力状态下混凝土徐变试验加载技术

弯压状态是混凝土构件常见的受力状态。在研究弯压应力对混凝土徐变性能的影响时,试验构件加载难度较大,尤其是对钢筋混凝土梁在常规性堆载等试验中,因为对混凝土构件截面施加不同应力的同时,往往会伴随施加剪力,难以实现弯、压应力状态,采用预应力法可有效地解决这一难题。本加载方案及量测技术已获得国家发明专利(国家发明专利:一种研究应变梯度对混凝土徐变性能影响的试验方法,ZL.2014102479646)。

具体的试验方案可按如下步骤进行:

①首先制作混凝土梁类构件,采用比钢束直径大一个规格的波纹管预留预应力筋的孔道,并将预应力筋穿过孔道;

②单向轴压构件呈简支状态如图5.9所示,构件两端伸出的预应力筋上分别安装锚定钢板,并在其中一端的锚定钢板与构件之间安装压力传感器;

③在弯压构件上安装千分表,读取千分表初始值,并用手持千分尺量取单向轴压构件和弯压构件的应变测点的间距,获得千分表和应变测点间距的初始值;

④若发现压力传感器数值比张拉力初值少2%以上时,即对预应力筋补张拉。

该加载方案的优点是方法简单、成本低,而且可以得到仅有弯压应力状态,消除了剪力的影响,在研究应变梯度对混凝土徐变性能影响时可以采用该方法加载。

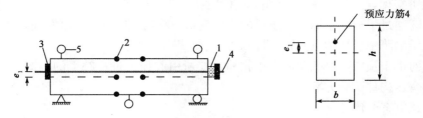

图5.9 弯压应力状态试验方案示意图

1-压力传感器;2-手持千分尺应变测点;3-锚固钢板;4-预应力筋;5-千分表

5)弯剪压复合应力状态下徐变试验加载技术

由前述可知,获取混凝土梁在弯剪压复合应力作用下的徐变性能,一般是通过对预应力混凝土梁进行长期堆载试验。但是,这种方案很难实现构件加载时对弯矩值和剪力值的同时控制。

根据预应力的等效荷载原理,采用预应力后张法使混凝土结构构件长期处于弯、剪、压复合应力状态,并通过压力传感器获取预应力损失值,后期定量补偿预应力。其具有的优点有：加载容易，长期荷载容易实现且安全；可实现弯压复合应力加载，并可同时与单向轴压徐变试验对比研究；轴压应力及挠曲应力梯度值可根据科研需要较易调整。试验方案如图 5.10 所示。本加载技术已获得国家发明专利（一种弯剪压复合应力作用下混凝土徐变试验加载方法，ZL.2014102446708）。

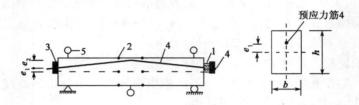

图 5.10　弯剪压应力状态试验方案示意图
1-压力传感器；2-手持千分尺应变测点；3-锚固钢板；4-预应力筋；5-千分表

具体的实验步骤为：

①制作试验构件，在构件内部预留一条预应力筋的孔道，预应力筋的孔道可以根据需要穿过一根或数根预应力筋，预应力筋在构件内中间位置高于两端位置，两端位置与构件截面中心的距离为偏心距 e_1，中间位置与构件截面中心的距离为偏心距 e_1 与偏心距 e_2 之和。

② e_1、e_2 值表示钢束的偏心距，可根据需要调整大小，采用比钢束直径大一个规格的波纹管预留预应力筋的孔道，并将预应力筋穿过孔道。本方案中，调整 e_1 值可实现弯矩值的调整，调整 e_2 值可实现剪力值的调整。

③通过千分表量测混凝土梁的挠曲变形，获取长期挠度变化值；通过手持千分尺量测跨中应变测点间距，进而获取应变变化。

对由于预应力松弛及混凝土收缩徐变所引起损失进行补偿的方案，可参照上述弯压构件试验方案。

该方案的优点是：

①可使混凝土构件同时处于弯、剪、压复合应力状态，且仅处于弯、剪、压应力状态；

②通过压力传感器获取预应力损失值，通过后期定量补偿损失的预应力，可使混凝土构件长期处于混凝土徐变试验所需要的恒定弯、剪、压应力作用之下；

③通过改变预应力钢束的数量或改变钢束的张拉控制应力，可调整混凝土徐变试验构件的压应力、应力梯度或剪切应力值；

④在钢束数量和位置不需改变的情况下，调整钢束的偏心位置，进而可实现混凝土构件处于不同压应力、应力梯度或剪切应力的徐变试验。

5.3 单位应力作用下试验梁徐变性能分析

根据预应力等效荷载原理可知,预应力钢束线形的差异,将会导致折线先张梁与抛物线后张梁的跨中截面混凝土应力状态亦存在较大差异。本节通过分析预应力混凝土梁徐变应变与相对应力值之间的关系,获取单位应力作用下的试验梁的徐变性能,进而获取环境因素、配筋率及钢束线形对预应力梁徐变变形的影响规律。

5.3.1 混凝土徐变应变与相对应力值之间关系的试验研究

徐变应变及初始弹性应变值不仅与外荷载施加在混凝土上的应力值有关,还与混凝土强度有关。前苏联学者卡拉别加(A. A. гвозлев)研究结果表明,当相对应力(外荷载产生的应力与混凝土强度的比值)小于 0. 50 时,徐变应变与应力之间为线性关系;当相对应力大于 0. 50 时,徐变随应力增长而急剧增大,表现出明显的非线性关系[49]。而佛劳登斯尔(A. M. Frondenthal)等人通过试验得出,只有加荷应力与强度之比在 0. 2 ~ 0. 26 以下时,徐变与应力才呈线性关系[117];也有人认为相对应力在 0. 3 ~ 0. 4 以下时,徐变与应力成正比。本试验四片梁跨中截面上边缘的相对应力值如表 5. 1 所示。

试验梁跨中截面相对应力值(加载瞬时) 表 5. 1

梁号	XPB1	XPB2	XPB3	HPB1
σ_c^t (MPa)	7. 11	8. 78	7. 61	7. 6
f_c (MPa)	33. 9	31. 2	33. 9	32. 2
σ_c^t / f_c	0. 209	0. 281	0. 224	0. 236

注:σ_c^t-试验梁上边缘混凝土压应力值,f_c-试验梁混凝土抗压强度值。

根据加载环境条件将试验梁分为室内梁与室外梁两组,分别绘制了持荷 7d、30d、150d、308d 和约 600d 的跨中截面上边缘徐变应变与其相对应力间的关系曲线,如图 5. 11 所示。

从图 5. 11 中看出,徐变应变值在个别时段有波动,其原因是应变测量时存在一定的误差。室内梁 XPB1、XPB3 的相对应力值 0. 209、0. 224,与相对应力值为零时的徐变应变大致符合线性关系;室外梁 XPB2、HPB1 的相对应力值 0. 209、0. 224,与相对应力值为零时的徐变应变亦大致符合线性关系。预应力混凝土梁跨中截面上边缘的混凝土,在承受持续应力作用下,不论荷载持续时间长短,其徐变应变值与其相对应力间基本呈线性关系。因此可以推论:预应力混凝土梁的混凝土徐变应变值与应力值之间具有线性关系,徐变应变符合线性叠加原理。

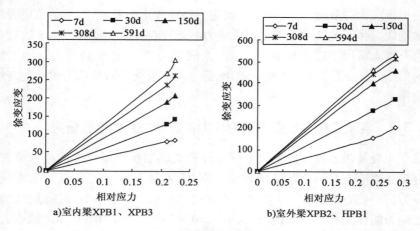

a)室内梁XPB1、XPB3 b)室外梁XPB2、HPB1

图5.11　试验梁徐变应变与相对应力关系图

5.3.2　长期荷载作用下预应力混凝土梁单位应力作用下的徐变特征

为了进一步研究预应力混凝土梁徐变性能的时随特征及其影响因素,消除应力值差异对徐变性能的影响,将不同应力作用下混凝土所产生的徐变应变或总应变转化为单位应力所产生的徐变应变或总应变,引入了徐变度和徐变函数的概念,并可在不考虑应力因素影响的条件下,重点分析环境因素、预应力线形及预应力水平(即预应力度值)等因素对预应力梁徐变性能的影响。

徐变度就是指混凝土在应力 $\sigma_c(t_0)$ 作用下,其徐变应变值 $\varepsilon_{cr}(t,t_0)$ 与 $\sigma_c(t_0)$ 的比值,其中 t_0 表示混凝土开始受力的时刻,t 表示混凝土成型始至计算时刻的时间(单位均为 d)。徐变度计量单位是 $(N/mm^2)^{-1}$,即 MPa^{-1},可用符号 $C(t,t_0)$ 表示。即:

$$C(t,t_0) = \frac{\varepsilon_{cr}(t,t_0)}{\sigma_c(t_0)} \tag{5.2}$$

徐变函数就是指混凝土在应力 $\sigma_c(t_0)$ 作用下,其总应变与 $\sigma_c(t_0)$ 的比值。总应变包括加载时刻 t_0 弹性应变 ε_1 与持荷至 t 时刻的徐变应变 $\varepsilon_{cr}(t,t_0)$ 两项之和[49],计量单位为 $(N/mm^2)^{-1}$,即 MPa^{-1},t 同式(5.1)中的含义,徐变函数用符号 $J(t,t_0)$ 表示,即

$$J(t,t_0) = \frac{\varepsilon_1 + \varepsilon_{cr}(t,t_0)}{\sigma_c(t_0)} \tag{5.3}$$

（1）徐变度试验研究

根据徐变度定义和试验实测数据,绘制了四片试验梁的徐变度时程曲线,如图5.12所示。不同持荷时间的徐变度如表5.2所示。

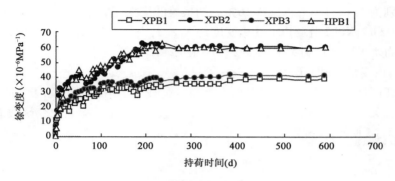

图5.12　试验梁徐变度时程曲线图

试验梁不同持荷时间的徐变度($\times 10^{-6}$MPa^{-1})　　　表5.2

持荷时间	室　内　梁		室　外　梁	
	XPB1(PPR = 1.12)	XPB3(PPR = 1.03)	XPB2(PPR = 0.91)	HPB1(PPR = 0.95)
30d	16.8	24.5	36.8	34.6
360d	35.6	40.1	59.3	58.8
约600d	38.4	40.9	60.0	59.3

从图5.12并结合表5.2中可看出,四片梁的徐变度时程规律比较类似:加载初期,徐变度随时间发展较快;持荷30d时,XPB1、XPB2、XPB3及HPB1的徐变度分别为16.8、36.8、24.5及34.6;随后徐变度变化速率相对减缓,但绝对数值仍在继续增大;持荷360d时,徐变度分别为35.6、59.3、40.1及58.8;持荷近600d时,徐变度分别为38.4、60.0、40.9及59.3;而后徐变趋于稳定,徐变度变化很小。

由图5.12可知,试验梁徐变度时程曲线分为两组:放置在室外自然环境中的试验梁XPB2与HPB1比较接近;放置在室内近似标准环境中的XPB1与XPB3比较接近。但放置在室外自然环境的试验梁,其徐变度比室内近似标准条件的试验梁的徐变度大很多;至加载约600d徐变度趋于稳定时,室外梁的徐变度约为室内梁的1.5倍,说明加载环境或构件使用环境是影响混凝土徐变性能的重要因素,这与第 3 章 3.3 节的分析结论是一致的。

对室外梁 XPB2 及 HPB1,两者的混凝土强度基本相同,预应力度值分别为 0.91、0.96,预应力度相差仅 5%;两者的钢束线形及施工工艺均不同,但两者徐变度基本一致,说明预应力梁施工方法及钢束线形对预应力梁的徐变度影响不大。室内梁 XPB1、XPB3,两者混凝土强度及钢束形状等因素均相同,但预应力度值分别为 1.12、1.03,相差约 10%。两根梁的徐变度有一定程度的差异,至加载约 600d 时,XPB3 比 XPB1 的徐变度约大 2.5,占 XPB1 总徐变度的 6.5%,表明预应力水平对预应力梁的徐变度影响很大。

(2)徐变函数试验研究

徐变函数反映了构件在加荷瞬时及持续荷载作用下的全过程混凝土单位应力—应变关系。根据徐变函数的定义和试验数据,四片试验梁徐变函数时程曲线如图 5.13 所示。不同持荷时间的徐变函数如表 5.3 所示。

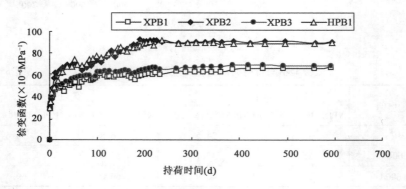

图 5.13　试验梁徐变函数时程曲线图

试验梁不同持荷时间的徐变函数($\times 10^{-6}\mathrm{MPa}^{-1}$)　　　　表 5.3

持荷时间	室 内 梁		室 外 梁	
	XPB1(PPR=1.12)	XPB3(PPR=1.03)	XPB2(PPR=0.91)	HPB1(PPR=0.95)
30d	45.1	50.4	66.9	63.9
180d	55.7	64.1	84.8	84.7
约 600d	67.1	68.9	90.4	89.4

从图 5.13 和表 5.3 中均可看出,徐变函数与徐变度的时程规律比较一致:加载初期,徐变函数随时间发展较快;加载 30d 时,XPB1、XPB2、XPB3 及 HPB1 的徐变函数分别为 45.1、66.9、50.4 及 63.9;加载 180d 时,四片梁徐变函数分别

为 55.7、84.8、64.1 及 84.7；随着加载时间增加，徐变函数增速降低，加载近600d 时，四片梁徐变函数分别为 67.1、90.4、68.9 及 89.4；而后徐变函数值趋于稳定。四片梁的徐变函数时程曲线与徐变度时程曲线一样，分为两组：放置室外自然环境中的两片梁 XPB2、HPB1，徐变函数比较接近；而放置室内的两片梁XPB1、XPB3，剔除预应力度值的差异因素，徐变函数大致接近，说明构件的使用环境是影响预应力梁徐变函数的重要因素。

综合四片试验梁徐变度及徐变函数的时程曲线图可发现，构件的预应力度值（或梁控制截面上、下边缘混凝土应力差值）和使用环境温湿度条件是影响预应力梁徐变性能的重要因素；钢束线形及施工工艺对预应力梁后期徐变性能影响不大。

在 5.3.1 节关于徐变应变与相对应力值的数值关系研究中可看出，当相对应力值小于某一数值时，徐变与相对应力呈线性关系。结合图 5.12 和图 5.13 中单位应力作用下的徐变应变和总应变的时程曲线图可看出，在剔除其他徐变影响因素的情况下，可以推论：预应力混凝土梁徐变应变与应力成正比。

因此，通过对试验数据分析可表明：在同等应力状态下，相对应力在一定范围内时，预应力混凝土梁徐变应变与应力之间具有线性关系，混凝土徐变变形符合线性叠加原理。

5.4 复杂应力状态下混凝土徐变性能的研究思路

5.4.1 混凝土徐变线性叠加原理适用范围讨论

在混凝土桥梁结构中，混凝土徐变降低了桥梁结构的长期性能，而对不同应力状态下混凝土徐变性能的差异性考虑不足，亦是影响桥梁结构徐变效应预测精度的重要因素之一。科研工作者对桥梁长期挠度超过设计预期的原因及其效应进行了调查分析，认为对混凝土徐变规律认识不足，以及施工期间桥面短龄期混凝土在施工循环荷载作用下，混凝土单轴徐变规律的适用性存疑。

刘光廷、柯敏勇等[113]对混凝土在单轴及多轴应力状态下的徐变性能进行了试验研究，表明双轴应力状态下混凝土徐变较单轴徐变小 25% ~ 30%，且混凝土徐变线性叠加原理对多轴状态不能直接采用。杨永清等[118]依据单轴条件下的徐变系数，采用叠加原理计算双轴及三轴应力状态下混凝土的空间徐变，结果表明与实际情况存在较大偏差。郑建岚等[116]对不同工况、不同类别混凝土的拉伸徐变进行了研究，建立了拉伸徐变模式，指出了拉伸徐变略小于压缩徐变。

美国陆军工程师团试验研究表明,应力梯度导致了直接拉伸试件的拉伸徐变小于受弯试件的拉伸徐变。在不均匀的应力状态下,混凝土最大徐变发生在最高应力纤维处,且混凝土挠曲徐变不等同于单轴徐变[49]。本书第4章阐明,对预应力混凝土梁,徐变系数与徐变挠度系数并不等同,两系数间的数值关系受预应力度值的影响,即对全预应力梁,徐变挠度系数大于徐变应变系数,而对部分预应力或普通钢筋混凝土梁,徐变挠度系数小于徐变应变系数,并在第6章中采用有限元法进行了验证。

谢峻等[48]对导致预应力混凝土箱梁长期下挠的成因从机理上解释,表明剪切变形对大跨径箱梁长期变形的影响不可忽视。按是否考虑剪切徐变挠度进行试算,不同研究结果表明剪切徐变挠度占长期挠度的9%～33%[91]。

根据本章5.3节试验结论,并结合其他专家学者的研究成果,可以推定,应力状态差异对混凝土徐变性能的影响是显著的。在同一种应力状态作用下,只要混凝土应力不超过某一规定值,可以认定混凝土徐变符合线性叠加原理。但是,对复合应力作用的混凝土桥梁结构徐变效应分析时,直接套用单向轴压条件下混凝土的徐变模式是不合理的。

5.4.2　不同应力状态下混凝土徐变性能相关性研究意义及研究思路

1)研究意义

混凝土在结构中主要承受压力,并且因为在受压状态下的徐变试验要比受拉或其他应力状态下的徐变试验容易做得多,因此,现有的徐变数据绝大部分是在单轴向压力状态下试验取得的。

然而,大多数混凝土和钢筋混凝土结构是在空间应力持续作用条件下工作的,如大体积水工建筑物、核电站压力容器等。在实际桥梁工程中,施加多向预应力钢束使混凝土多轴受力、收缩徐变和预应力松弛损失引起的时变应力、系列作用引起的应变梯度及剪切应力等使混凝土处于复杂应力状态,常用的混凝土在单向轴压条件下的徐变规律并不完全适用于复杂应力状态下的桥梁结构。

因此,混凝土结构徐变效应计算时仍采用混凝土单轴徐变模式是不合适的,研究不同应力状态下混凝土徐变性能及其与单向轴压状态下徐变的数值相关性,对进一步探索预应力混凝土桥梁结构的长期变形模式,并将工程当中的复杂问题进行简单化有重要意义。

2)研究思路

为了进一步探索不同应力状态下混凝土徐变性能相关性,结合本章5.2.2

节中关于弯压及弯剪压复合应力状态下徐变加载技术,本书根据中国博士后科学基金资助项目"不同应力状态下混凝土徐变性能及其相关性研究"课题,提出了如下研究方案,该方案已通过有限元法分析验证,并达到预期结果,但试验研究尚待进一步深入。

采用预应力后张法对多组混凝土构件长期加载,依据预应力等效荷载原理改变预应力钢束的线形和位置,使试验构件分别处于单向轴压、弯压及弯剪压应力状态,并通过后期多次应力补偿以实现长期恒载(图5.14)。

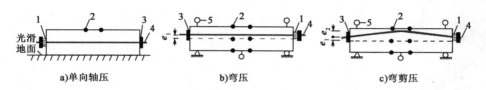

图5.14 试验构件钢束布置、加载及量测方案示意图

1-压力传感器;2-应变测点;3-锚定钢板;4-预应力筋;5-千分表;e_1、e_2-钢束偏心距和弯折点

对轴压混凝土构件的轴向应变、弯压及弯剪压混凝土构件跨中截面挠曲应变和跨中挠度长期观测。重点研究不同应力状态下混凝土的徐变性能及其相关性,具体内容有:

(1)应力梯度对混凝土徐变性能的影响,试验研究轴压构件、弯压构件的混凝土徐变应变,对比徐变系数、徐变度等参数的时随特征,分析应力梯度对混凝土徐变性能影响的规律及作用机理。

(2)剪切应力对混凝土徐变性能的影响,试验研究弯压、弯剪压构件的混凝土徐变应变,对比徐变系数、徐变度等参数的时随特征,分析剪切应力对混凝土徐变性能影响的规律及作用机理。

(3)轴压、弯压及弯剪压混凝土构件徐变系数的相关性,研究三类构件的混凝土徐变系数时程曲线,分析不同应力状态下混凝土徐变系数间的数值相关性,建立以单向轴压条件下混凝土徐变系数模式为基础、考虑应力梯度和剪切应力影响的弯剪压应力状态下混凝土的徐变模式。

(4)弯剪压混凝土构件徐变挠度系数与徐变系数间的数值相关性,对比弯压、弯剪压构件混凝土徐变挠度系数与徐变系数,分析应力梯度、剪切应力对弯剪压构件两系数间数值关系的影响,建立弯剪压混凝土构件徐变挠度系数与徐变系数间的数值关系表达式,进而提出考虑剪切徐变影响的混凝土梁徐变挠度的计算方法。

另外,一般说来,在总的作用时间相同时,由周期荷载产生的徐变将大于由数值上等于周期荷载平均值的持续不变荷载所产生的徐变。试验资料表明,周期徐变不可恢复,桥梁结构在行驶车辆反复作用之下,混凝土徐变变形及徐变恢复对其长期变形影响较大。行车密度对桥梁由荷载产生的徐变不可忽略,而目前公路或铁路桥梁的设计多不考虑活载的徐变是值得商榷的。因此,开展周期活载作用下混凝土徐变性能研究,对进一步明确预应力混凝土桥梁长期变形规律很有意义。

6 应力状态对预应力梁徐变变形影响的有限元分析

传统的结构分析建立在手算基础上,计算对象只能局限于一些小型结构。随着计算机的发展,人们开始采用矩阵分析方法,并借助电算手段来解决复杂的结构问题。1960 年,美国的 R. W. Clough 教授首次提出"有限单元"这一术语,并成功应用有限元思想求解了平面弹性问题,他认为整体结构可以看作是由有限个小单元相互连接而成的集合体,每个小单元的力学特性可以比作一幢建筑物中的砖瓦,装配在一起就能提供整体结构的力学特性。从此,不但工程技术人员开始认识到有限元法的功效,数学家和力学家也从理论上对有限元法进行论证,使其建立在更为坚实的理论基础上。在工程技术人员和理论工作者的共同努力下,有限元法已成为解决工程实际问题的一种有效数值计算工具,它是一种将弹性理论、计算数学和计算机软件有机结合在一起的数值分析方法[119]。

由于有限元法具有灵活、快速和高效的特点,它已迅速发展成为工程设计和结构分析领域的一种重要计算方法,广泛应用在航空航天、土木、机械、交通、水利等工业部门。近年来,有限元法的研究对象已从静力分析、线性问题扩展到动力分析和非线性问题;从弹性问题扩展到弹塑性、黏弹性及断裂问题;从固体力学扩展到流体力学;从工程力学扩展到生物力学。同时,有限元法本身在理论上也日趋完善,包括各种类型的单元研究、有限元数学基础论证等。在土木工程领域,通过有限元分析可以获得试验中不易测到的数据,在一定程度上可取代模型试验。目前,各种大型通用有限元计算软件和许多专用计算软件大量涌现,在实际工程结构计算分析中大量应用,其中最有影响的有 ADINA、ANSYS、ALGOR、MARC 和 MIDAS 等,这些软件已经过严格的理论考证,并由试验结果及工程实例验证[120]。

6.1 有限元软件对混凝土徐变变形求解的实现

6.1.1 ANSYS 软件求解徐变思路

混凝土的徐变问题属于材料非线性问题的范畴。

材料非线性问题可分为两类：一类是不依赖于时间的弹塑性问题，其特点是在荷载作用后，材料的变形立即发生且后期不再随时间而变化；另一类是依赖于时间的黏性问题，其特点是在荷载作用后，材料不仅立即发生相应的弹（塑）性变形，且变形随时间而继续改变。在荷载恒定的情况下，由于材料黏性而继续增长的变形称为蠕变。

金属蠕变是指金属材料在持续应力作用下，应变随时间增长而不断增加的现象。蠕变过程根据蠕变速率的差异可分为三个阶段：第一阶段是初始蠕变阶段，又称过渡蠕变阶段，蠕变随时间增长持续增加，但蠕变速率逐渐减小；第二阶段是稳态蠕变阶段，又称定常蠕变阶段，蠕变随时间增长持续增加，蠕变速率恒定，持续时间较长；第三阶段是加速蠕变阶段，蠕变速率持续增加，蠕变发展很快，直至破坏。工程实际中主要关注蠕变的前两个阶段：初始蠕变阶段和稳态蠕变阶段。在一定的温度和应力范围内，金属蠕变过程可用蠕变曲线来描述，如图6.1所示。

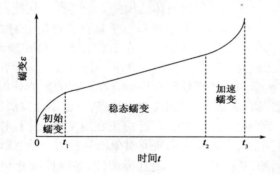

图6.1　金属蠕变曲线

对混凝土材料而言，蠕变性能亦称为徐变性能。考虑到混凝土徐变的特征，可用金属蠕变的第一个阶段即初始蠕变阶段来模拟混凝土徐变。ANSYS 软件库中提供的金属蠕变方程包括显式蠕变方程和隐式蠕变方程两种。隐式徐变方程计算快速、准确，应用范围较广，可用于大变形及小变形，计算时可同时考虑蠕变和塑性变形及其相互作用。显式蠕变方程应用时相对简单，一般只用于限制条件较少的小变形和无塑性变化的蠕变分析，在用于塑性分析时，要把塑性分析和蠕变分析分开考虑，最后叠加[119]。

根据预应力混凝土梁的实际情况，不涉及材料塑性变形，故选取显式徐变方程。在整个分析过程中，都使用时间作为跟踪参数来识别每个荷载步，在每个荷载步终点给时间赋值。在显式蠕变方程中当 $C_6 = 0, 1, 2$ 时，蠕变的求解使用了欧拉朝前法，混凝土徐变分析时选取 $C_6 = 0$ 时的初始显式蠕变方程这一徐变准

则,每个荷载步的徐变应变增量 $\Delta\varepsilon_{cr}$ 为:

$$\Delta\varepsilon_{cr} = \dot{\varepsilon}_{cr}\Delta t \qquad (6.1)$$

根据 ANSYS 软件库中关于该种蠕变计算准则的规定,每个荷载步的蠕变应变率为:

$$\dot{\varepsilon}_{cr} = C_1\sigma^{C_2}\varepsilon_1^{C_3}e^{-C_4/T} \qquad (6.2)$$

将式(6.2)代入式(6.1)得:

$$\Delta\varepsilon_{cr} = C_1\sigma^{C_2}\varepsilon_z^{C_3}e^{-C_4/T}\Delta t \qquad (6.3)$$

式中: ε_{cr} ——荷载步开始时的总应变;

   σ ——荷载步开始时的等效应力;

   T ——绝对温度;

   t ——本荷载步结束时的混凝土龄期;

   ε_z ——混凝土 t 时刻的总应变;

   e——自然对数的底数。

C_2、C_3、C_4 为由用户定义的材料常数,分别与应力、应变、温度相关,可根据具体情况确定;C_1 是与蠕变增量时程规律相关的参数,可由式(6.8)确定。

为了进一步简化式(6.3)的蠕变应变方程,根据预应力梁的实际情况,结合相关文献资料和本课题前期试验研究成果,做两点假定[121-123]:

(1)线性徐变理论成立,即混凝土的徐变增量与其相对应力成正比;

(2)假定混凝土的弹性模量为常数,这对晚龄期加载的预应力梁是实用的。

根据线性徐变理论假定,徐变变化率与应力无关,而与应变呈线性关系,所以式(6.3)中,可取 $C_2 = 0$,$C_3 = 1$。考虑混凝土构件使用环境温度对徐变性能的影响比金属材料蠕变受使用环境温度的影响小得多,因此在分析预应力混凝土梁的徐变性能时,不考虑温度影响,取 $C_4 = 0$,故式(6.3)可简化为:

$$\Delta\varepsilon_{cr} = C_1\varepsilon_z\Delta t = C_1(\varepsilon_{cr} + \varepsilon_1)\Delta t = C_1[\varepsilon_1 + \varphi(t,\tau)\varepsilon_1]\Delta t \qquad (6.4)$$

式中: ε_{cr}、ε_1 ——徐变应变、初始弹性应变;

   t、τ ——计算时刻混凝土龄期、加载龄期;

   $\varphi(t,\tau)$ ——加载龄期为 τ 时至时刻 t 的徐变系数。

C_1 值采取分段拟合的方法确定,假定在每个荷载步内蠕变应变率为常数,所以 C_1 为定值,这可能为计算带来一定误差,但考虑到徐变问题的离散性,ANSYS计算结果基本能满足工程需要。因此,在恒载作用下,混凝土总变 ε_z 为:

$$\varepsilon_z = \varepsilon_1 + \varepsilon_{cr} = \varepsilon_1 + \varepsilon_1\varphi(t,\tau) \qquad (6.5)$$

由于初始弹性应变 ε_1 为常量,故由式(6.5)可得:

$$\Delta\varepsilon_{cr} = \varepsilon_1\Delta\varphi(t,\tau) \qquad (6.6)$$

结合式(6.5)和式(6.6),可得:

$$\Delta\varepsilon_{cr} = \varepsilon_1\Delta\varphi(t,\tau) = C_1[\varepsilon_1 + \varphi(t,\tau)\varepsilon_1]\Delta t \qquad (6.7)$$

所以:

$$C_1 = \frac{\Delta\varphi(t,\tau)}{\Delta t(1+\varphi)} \qquad (6.8)$$

式中:Δt——荷载步长(相邻荷载步的时间间隔);

φ——徐变系数;

$\Delta\varphi$——每个荷载步内徐变系数的改变量。

6.1.2 MIDAS 软件求解徐变思路

在长期荷载作用下,对结构或材料应力时变特征进行分析时,应力历程和时间是影响徐变的重要因素。徐变在加载初期增长较多,而后期随时间的变化徐变增量会逐渐减少,计算徐变需要确定应力随时间变化的历程及随时间变化的徐变系数。MIDAS 软件库中考虑徐变的方法有两种:一种是直接定义各单元在各阶段的徐变系数,并在不同阶段将其激活;另一种方法是利用徐变函数,通过积分法计算。MIDAS – CIVIL 支持上述两种方法,但程序优先使用用户自定义的徐变系数。

直接定义各单元徐变系数的方法中,要注意输入的各阶段徐变系数的准确性。

在模拟混凝土收缩徐变空间效应时,避免了如 ANSYS 等其他通用有限元软件复杂繁琐的二次开发工作,节省了建模时间。且 MIDAS/FEA 提供了专门的施工阶段分析工况,通过激活和钝化功能,能够方便地模拟施工阶段。MIDAS CIVIL 中的徐变系数或收缩应变的计算公式既可以使用多个国家规范中建议的公式,如美国、韩国等,也可以由用户直接输入试验中得到的数据,自定义徐变系数、徐变函数、徐变度。程序中提供了《公路钢筋混凝土及预应力混凝土桥涵设计规范》(JTG D62—2004)中的徐变系数,设计铁路桥梁时计算收缩和徐变系数可参考公路桥梁的方法,如图 6.2 所示。

直接定义各单元徐变系数的方法中,要注意输入的各阶段的徐变系数的准确性。用户自定义徐变函数时,也应注意一系列加载材龄不同的徐变函数,这样在不同程序阶段会根据单元激活时的材龄选择相应的徐变函数。用户输入必要的材料和单元特性,程序会根据规范建议的公式自动计算各阶段的徐变。

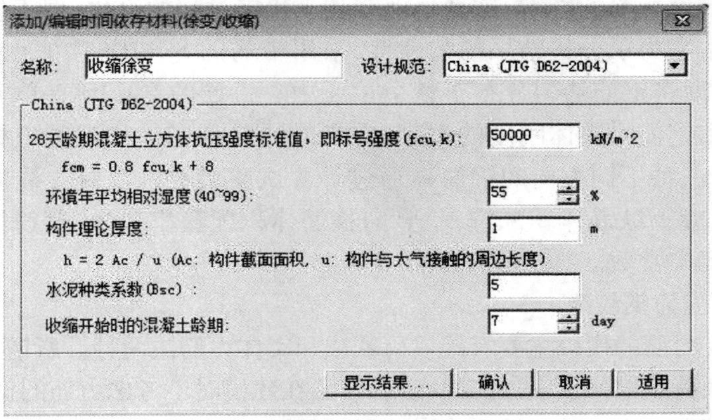

图6.2 混凝土收缩徐变特性值

软件使用时须知:收缩的龄期与徐变的龄期是没有任何联系的,收缩龄期是计算混凝土收缩的时间;混凝土徐变函数曲线与受荷时间相关,即单元的材龄大会使混凝土老化,引起弹性模量的增大,从而造成加载时材龄越大,混凝土的短期损失越小。混凝土开始受荷时的材龄越大,短期损失和徐变越小,这是混凝土水化程度和强度变化引起的。因此,用户自定义徐变函数时,应该准确反映混凝土的强度变化特性,函数中加载时间的范围应包含分析中的单元材龄,定义不同的受荷时刻徐变函数越多,分析结果越准确。

收缩开始时的混凝土龄期,即发生收缩效应的时间。MIDAS 是在定义时间依存材料特性中定义,按规范要求,一般取 3d。混凝土发生徐变的时间为徐变材龄,这个值是在定义混凝土施工阶段时定义的,即在 MIDAS 中的"混凝土材龄",这个材龄是混凝土从浇筑到激活(即参与受力)的时间,同时也是发生徐变的时间,因为有荷载作用才有徐变。针对徐变计算材龄,按实际的天数输入即可。

6.2 试验梁徐变挠度有限元分析

6.2.1 有限元模型建立及求解思路

1)单元及材料参数定义

(1)混凝土及非预应力筋

在用大型有限元软件对预应力混凝土结构徐变效应进行分析时,大多不考虑非预应力配筋的影响,这种处理有利于建模过程的简化,但不便于数值试验分析。本书为了分析结果的精确性,采用带筋的SOLID65单元来建立弥散钢筋模型,即将钢筋均匀分布于整个单元中。带筋的SOLID65单元同时考虑了混凝土和钢筋对整体刚度的贡献,定义时同时考虑一种混凝土材料和三种钢筋材料(三种不同方向的钢筋),通过计算试验梁拉区混凝土纵筋体积配箍率、压区混凝土纵筋体积配箍率、竖向箍筋体积配箍率、水平箍筋体积配箍率来定义单元实常数。

(2)预应力钢绞线

对预应力筋的模拟主要有等效荷载法和实体力筋法两种。所谓等效荷载法就是以等效荷载取代预应力筋的作用,该法在建模时不考虑力筋的位置,因此不能较好地模拟预应力筋布筋形式、作用位置及方向对结构的影响,同时也无法模拟预应力筋的预应力损失情况及由此引起的力筋各处应力不等。而实体力筋法是将混凝土和预应力筋划分为不同的单元一起考虑,该法对力筋布筋形式、作用位置及方向都能很好地模拟,且能同时考虑力筋的张拉及预应力损失情况。为了对试验梁的预应力钢绞线精确模拟,本书采用实体力筋法建立有限元模型,采用LINK8单元对钢绞线进行模拟。

(3)材料性质参数

混凝土、非预应力筋及钢绞线材料性质相关参数定义如下:混凝土弹性模量 $E_c = 3.49 \times 10^4 \text{N/mm}^2$,泊松比 $\nu = 0.2$,密度 $\rho = 2400 \times 10^{-12} \text{kg/mm}^3$;普通钢筋 $E = 2.1 \times 10^5 \text{N/mm}^2$,泊松比 $\nu = 0.3$;钢绞线弹性模量 $E = 1.95 \times 10^5 \text{N/mm}^2$,线膨胀系数 $\delta = 1.0 \times 10^{-5}/\text{℃}$,泊松比 $\nu = 0.3$。

2)模型生成及荷载、约束施加

(1)建立几何模型

考虑到试验梁的对称性,建模时采用如图6.3阴影部分所示的1/4梁体模型(长 $l = 3750$mm,宽 $b = 100$mm,高 $h = 400$mm),减少前期建模及后期计算的工作量。对折线先张梁在钢绞线位置结合工作面的偏移进行模型切分,以便于网格划分。对后张梁根据实际线形生成力筋形状线,然后拖拉线形成切割面并结

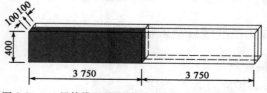

图6.3　1/4梁体模型(阴影部分)示意图(尺寸单位:mm)

合工作平面的偏移进行切分模型,切出力筋线。

（2）网格划分

对建立的几何模型分别赋予相应的材料属性,然后进行网格划分。网格尺寸变量取50mm,划分采用映射及扫掠两种网格划分方式,生成的节点和单元规整,便于后期计算收敛。折线先张及曲线后张梁有限元模型如图6.4所示。

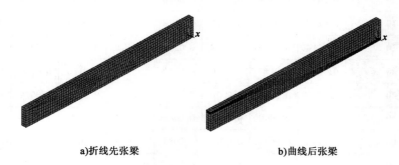

a)折线先张梁　　　　　　　　　　　　b)曲线后张梁

图6.4　试验梁梁有限元模型

（3）施加荷载及约束

试验梁荷载包括梁自重、外加荷载、预应力荷载。梁自重按体积力考虑,取重力加速度为$9.80\mathrm{m/s^2}$,随所在单元的激活而自动加入;对外加堆积荷载采用在1/3跨度处,施加等效面荷载的形式实现;对预应力的模拟采用降温法实现,该法应用简单且能考虑后期预应力损失,利于后期进一步研究。试验梁的约束施加包括简支梁支点处约束和对称截面的对称约束。

3）求解控制设置

分析试验梁的预应力值、二次加载值均采用试验实测值;徐变系数方程均采用由试验数据拟合的公式。主要进行徐变效应的时间历程分析,因此在每个荷载步内都使用时间作为跟踪参数,指定荷载历程并在每个荷载步终点给时间赋值以识别每个荷载步。在每个荷载步内,借助APDL程序设计语言来定义相应的蠕变准则。各荷载步时间点、相应的徐变函数值及蠕变准则中的C_1值如表6.1所示。

徐变函数值及蠕变准则中的 C_1 值　　　　　　表6.1

项目 时间(d)	XPB1		XPB2		XPB3		HPB1	
	φ	C_1	φ	C_1	φ	C_1	φ	C_1
0.05	0.1157	2.5820	0.1080	2.3941	0.1217	2.7313	0.0344	0.7116
0.5	0.2684	0.4304	0.2506	0.3962	0.2824	0.4578	0.1306	0.2417

续上表

项目 时间（d）	XPB1		XPB2		XPB3		HPB1	
	φ	C_1	φ	C_1	φ	C_1	φ	C_1
2	0.4271	0.1509	0.3987	0.1381	0.4493	0.1613	0.2777	0.1253
5	0.5654	0.0722	0.5279	0.0658	0.5949	0.0774	0.4389	0.0773
10	0.6873	0.0411	0.6417	0.0373	0.7231	0.0442	0.6008	0.0518
20	0.8214	0.0244	0.7669	0.0221	0.8642	0.0263	0.7941	0.0347
30	0.9040	0.0157	0.8440	0.0142	0.9512	0.0170	0.9176	0.0237
40	0.9639	0.0118	0.9000	0.0106	1.0142	0.0127	1.0079	0.0181
50	1.0108	0.0094	0.9437	0.0085	1.0635	0.0102	1.0785	0.0147
60	1.0492	0.0079	0.9796	0.0071	1.1039	0.0085	1.1361	0.0123
70	1.0818	0.0068	1.0100	0.0061	1.1382	0.0073	1.1844	0.0105
90	1.1346	0.0056	1.0594	0.0051	1.1938	0.0061	1.2619	0.0088
110	1.1766	0.0046	1.0985	0.0041	1.2379	0.0049	1.3221	0.0070
130	1.2112	0.0038	1.1309	0.0034	1.2744	0.0041	1.3710	0.0058
150	1.2406	0.0033	1.1583	0.0030	1.3053	0.0036	1.4117	0.0049
170	1.2661	0.0029	1.1821	0.0026	1.3321	0.0031	1.4463	0.0042
200	1.2988	0.0025	1.2126	0.0023	1.3665	0.0027	1.4898	0.0036
250	1.3429	0.0021	1.2538	0.0019	1.4129	0.0022	1.5468	0.0029
300	1.3781	0.0017	1.2867	0.0015	1.4500	0.0018	1.5908	0.0023
360	1.4126	0.0014	1.3189	0.0012	1.4862	0.0015	1.6324	0.0018

4）命令流编制

选取 XPB1 计算分析时的命令流，对试验梁计算分析做以说明，如下所示：

finish $/clear $/prep7

! 定义单元与材料性质

et,1,solid65 $ et,2,link8

mp,ex,1,3.41e4 $ mp,prxy,1,0.2 $ mp,dens,1,2500e-12

mp,ex,3,2.0e5 $ mp,prxy,3,0.3   ! 普通钢筋

mp,ex,2,1.95e5 $ mp,prxy,2,0.3 $ mp,alpx,2,1.0e-5   ! 钢绞线

x1 = 0.25 * acos(-1) * 16 * 16 $ x2 = 0.25 * acos(-1) * 12 * 12 * 0.5

v1 = (x1 + x2)/(100 * 50)　　　　　　　　　　　　　　! 拉区纵筋体积配箍率

v2 = 0.25 * acos(-1) * 8 * 8/(100 * 50)　　　　　　　! 压区纵筋体积配箍率

v3 = 0.25 * acos(-1) * 8 * 8 * 9/(100 * 1000)　　　　! 加密区竖向箍筋体积配箍率

v4 = 0.25 * acos(-1) * 8 * 8 * 13/(100 * 2750)　　　! 非加密区竖向箍筋体积配箍率

v5 = 0.25 * acos(-1) * 8 * 8 * 9/(50 * 1000)　　　　! 加密区水平箍筋体积配箍率

v6 = 0.25 * acos(-1) * 8 * 8 * 13/(50 * 2750)　　　! 非加密区水平箍筋体积配箍率

r,1,3,v1,0,90,3,v5 $ rmore,0,0,3,v3,90,0　　! 加密区拉区混凝土的实常数

r,2,3,v2,0,90,3,v5 $ rmore,0,0,3,v3,90,0　　! 加密区压区混凝土的实常数

r,3,3,v1,0,90,3,v6 $ rmore,0,0,3,v4,90,0　　! 非加密区拉区混凝土的实常数

r,4,3,v2,0,90,3,v6 $ rmore,0,0,3,v4,90,0　　! 非加密区压区混凝土的实常数

r,5,3,v3,90,0　　　　　　　　　　　　　　! 加密区中间混凝土单元实常数

r,6,3,v4,90,0　　　　　　　　　　　　　　! 非加密区中间混凝土单元实常数

r,7,139　　　　　　　　　　　　　　　　　! 钢绞线实常数

! 创建几何模型

blc4,,,100,400,3750　　　　　　　! 创建 1/4 几何模型

wpoff,,50 $ wprota,,90 $ vsbw,all $ wpoff,,, -300 $ vsbw,all

wpcsys, -1 $ wpoff,,,1200 $ vsbw,all

wpoff,,50 $ wprota,,180 * atan(255/30)/acos(-1)

vsel,s,volu,,9 $ vsbw,all $ vsel,all

wpcsys, -1 $ wpoff,,,1100 $ vsbw,all

wpoff,,,200 $ vsbw,all $ wpoff,,,2300 $ vsbw,all

wpoff,,, -850 $ vsbw,all

wpcsys, -1 $ wpoff,50 $ wprota,,,90 $ vsbw,all $ wpcsys, -1

! 划分网格生成有限元模型

lsel,s,line,,114 $ latt,2,7,2 $ lesize,all,,,2 $ lmesh,all

lsel,s,line,,163 $ latt,2,7,2 $ lesize,all,,,17 $ lmesh,all

lsel,s,line,,225 $ latt,2,7,2 $ lesize,all,,,31 $ lmesh,all

lsel,s,line,,146 $ latt,2,7,2 $ lesize,all,,,2 $ lmesh,all

lsel,s,line,,198 $ lsel,a,line,,216 $ latt,2,7,2

lesize,all,50 $ lmesh,all

vsel,s,loc,z,3750,3600 $ vsel,r,loc,y,350,400 $ vatt,1,2,1

vsel,s,loc,z,3750,3600 $ vsel,r,loc,y,0,50 $ vatt,1,1,1

vsel,s,loc,z,3750,3600 $ vsel,r,loc,y,50,350 $ vatt,1,5,1

vsel,s,loc,z,0,3600 $ vsel,r,loc,y,350,400 $ vatt,1,4,1

```
vsel,s,loc,z,0,3600 $ vsel,r,loc,y,0,50 $ vatt,1,3,1
vsel,s,loc,z,0,3600 $ vsel,r,loc,y,50,350 $ vatt,1,6,1
lsel,all $ lesize,25,50 $ lesize,178,50
lesize,173,50 $ lesize,31,50 $ lesize,16,50
vsel,s,loc,z,3750,3600
mshape,0,3d $ mshkey,1 $ vmesh,all
lesize,3,50 $ lesize,154,50 $ lesize,169,50
lesize,30,50 $ lesize,14,50
vsel,s,loc,z,0,1300
mshape,0,3d $ mshkey,1 $ vmesh,all
lesize,34,,,2 $ lesize,133,,,4
lesize,143,50 $ lesize,138,50
lesize,165,50 $ lesize,127,50
vsel,s,loc,z,1300,3600 $ vsweep,all
!  施加约束及荷载
lsel,s,loc,y,0 $ lsel,r,loc,z,3600 $ dl,all,,uy
asel,s,loc,z,0 $ da,all,symm
asel,s,loc,x,100 $ da,all,symm
lsel,s,line,,114 $ lsel,a,line,,163 $ lsel,a,line,,225
lsel,a,line,,146 $ lsel,a,line,,198 $ lsel,a,line,,216
bfl,all,temp,-1057/(1.95e5*1.0e-5)
p0=48000 $ q0=p0/400/200
asel,s,loc,z,1100,1300 $ asel,r,loc,y,400
sfa,all,1,pres,q0
acel,,9800
allsel,all
!  求解控制设置与求解
*dim,day1,array,20
*dim,fi1,array,20
*dim,C1,array,20
day1(1)=0.05,1,7,15,21,28,35,42,49,60          !定义荷载步(d)
day1(11)=70,80,90,105,120,150,190,240,300,590
*do,i,1,20
fi1(i)=2.38*1*(day1(i)**0.6)/(8+day1(i)**0.6)          !定义徐变函数
*enddo
```

c1(1) = fi1(1)/day1(1)/(1 + fi1(1))

*do,i,2,20

c1(i) = (fi1(i) − fi1(i − 1))/(day1(i) − day1(i − 1))/(1 + fi1(i))

*enddo

/solu $ antype,0 $ rate,on $ kbc,1   ! 相关求解设置

nsubst,100,100,10 $ autots,on $ solcontrol,on

bfunif,temp,20

*do,i,1,20   ! 求解

time,day1(i)

tb,creep,1

tbdata,1,C1(i),0,1,0, ,0

lswrite,i $ lssolve,i

*enddo

finish

save

! 通用后处理及时间历程后处理

/post1   ! 通用后处理

set,20   ! 选择第 20 步

plnsol,u,y   ! y 方向上的位移云图

/post26   ! 时间历程后处理

/axlab,x,time(d)   ! 定义 x、y 轴

/axlab,y,uy(mm)

/yrange,2,15   ! 定义 y 轴范围

nsol,2,325,u,y,y_disp   ! 选择第 325 节点

abs,3,2, , , , , ,1

plvar,3   ! 显示 y 方向位移时程曲线图

/image,save,uy_disp,bmp   ! 生成 bmp 图片文件 uy_disp

6.2.2 徐变挠度有限元计算结果

结合 4 根试验梁计算结果,提取了 4 根试验梁 360d 时的梁体挠度云图及加载瞬时至 360d 时跨中挠度变化图,分别如图 6.5、图 6.6 所示。本书分析时采取 1/4 梁体模型,由对称性可以考虑整个梁体的挠度发展情况。从图 6.5 可以看出:4 根梁从端部至跨中截面挠度变化趋势趋于一致,端部至支座处梁体有上挠趋势,支座至跨中截面均下挠,与实际情况吻合。端部至跨中

截面挠度变化趋势有明显不同,挠度变化等值线在梁端分布较密,跨中截面分布较疏。从图6.6可以看出:试验梁挠度发展曲线平滑,增长趋势一致,具体表现为加载初期挠度发展较快,随着持荷时间的增长其速度逐渐变缓。试验梁 XPB2、HPB1 加载瞬时跨中挠度值较大,其后期挠度也较大;XPB1、XPB3 加载瞬时跨中挠度值较小,其后期挠度也相应较小。与试验实测结果吻合较好,这一规律与梁徐变挠度时程规律理论是一致的。梁瞬时弹性挠度受预应力值及二次加载值的共同影响;从有限元的分析计算过程可看出,对预应力混凝土梁,混凝土徐变系数计算模式直接决定了徐变挠度值。因此,采用有限元法进行徐变挠度分析时,徐变系数计算模式的精确度至关重要。

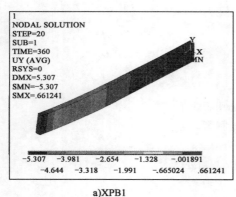

a)XPB1

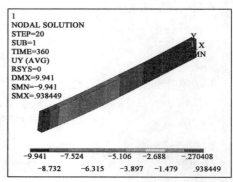

b)XPB2

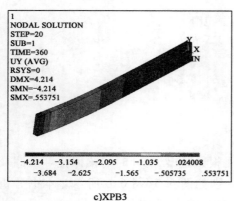

c)XPB3

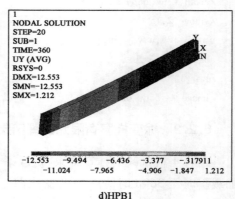

d)HPB1

图6.5　360d时试验梁梁体挠度云图

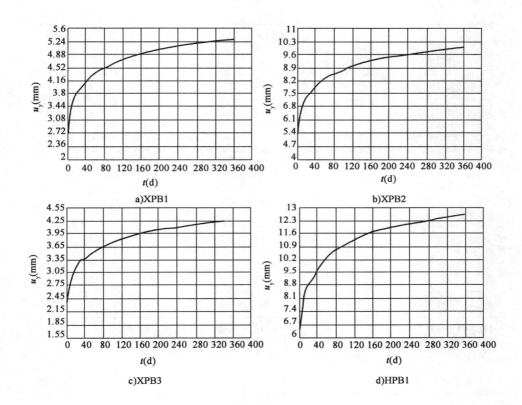

图 6.6　试验梁跨中截面挠度时程图

6.2.3　徐变挠度分析

对试验梁跨中徐变挠度有限元计算结果与试验梁长期挠度实测值进行对比,如表 6.2 所示。

试验梁徐变挠度分析　　　　　　　　　　　　　　表 6.2

a) XPB1							
持荷时间(d)	0	7	28	60	90	120	180	360
徐变挠度计算值(mm)	2.13	3.35	3.91	4.37	4.54	4.73	4.97	5.31
长期挠度实测值(mm)	2.24	3.51	4.18	4.63	4.85	4.99	5.27	5.61
计算值/实测值	0.951	0.954	0.935	0.944	0.936	0.948	0.943	0.947

b) XPB2

持荷时间(d)	0	7	28	60	90	120	180	360
徐变挠度计算值(mm)	4.27	6.28	7.18	7.88	8.31	8.62	9.26	9.74
长期挠度实测值(mm)	4.51	6.69	7.61	8.35	8.96	9.23	9.95	10.69
计算值/实测值	0.947	0.939	0.943	0.944	0.927	0.934	0.931	0.911

c) XPB3

持荷时间(d)	0	7	28	60	90	120	180	360
徐变挠度计算值(mm)	1.81	2.74	3.31	3.52	3.65	3.79	3.97	4.21
长期挠度实测值(mm)	1.80	2.97	3.48	3.78	3.94	4.06	4.22	4.65
计算值/实测值	1.005	0.923	0.951	0.931	0.926	0.933	0.941	0.905

d) HPB1

持荷时间(d)	0	7	28	60	90	120	180	360
徐变挠度计算值(mm)	5.87	7.29	8.16	9.77	10.23	10.92	11.78	12.55
长期挠度实测值(mm)	6.18	7.97	8.78	9.72	10.58	11.05	11.47	12.59
计算值/实测值	0.950	0.915	0.929	1.005	0.967	0.988	1.027	0.997

从表6.2中可以看出:有限元计算的徐变挠度与试验梁实测的长期挠度值的比值,除了HPB1梁计算不太规则外,其余在0.90~0.95范围内,考虑到收缩及预应力长期损失对长期挠度的贡献,且与第7章采用MIDAS软件对试验梁长期挠度构成分析所得出的结论是一致的。说明用有限元软件中金属蠕变本构关系模拟预应力混凝土梁徐变效应与试验实测符合较好,采用ANSYS软件分析预应力混凝土的徐变效应是可行的。

6.3 应变梯度对预应力混凝土梁徐变变形的影响

应变梯度理论的基本思想是通过将高阶应变梯度和或位错密度纳入支配材料行为的本构方程或演化方程,来引入尺度对结构或系统的弹、塑性变形和位错运动等力学行为的影响。本节中应变梯度的定义,主要用于描述钢筋混凝土梁在受力过程中产生的弯曲变形状况。梁在横截面上受力并非均匀,造成在受拉边缘最大拉应力区向受压边缘最大压应力区过渡,因此,横截面的应变也非均匀,进而形成梯度应变,称之为应变梯度。

混凝土所能承受的最大应变值不仅受应力状态的影响,还受应变梯度的影响,对钢筋混凝土梁而言,应变梯度对混凝土徐变有影响,进而影响梁的长期变形。试验表明,应变梯度能减缓砂浆的开裂,提高破坏前的应变值,且在不均匀的应力状态下,最大徐变发生在最高的应力纤维处[49]。前期已有研究资料表明,应力状态对混凝土徐变性能有较大影响,应变梯度的存在,单轴压缩徐变与弯曲压缩徐变是不一致的。

本节旨在探讨应变梯度对钢筋混凝土梁徐变(挠曲应变)系数与徐变挠度系数数值关系的影响。

6.3.1 有限元分析

(1)分析对象

依据预应力等效荷载理论,选取纯弯梁作为研究对象,其截面、钢束布置图及等效荷载图如图 6.7、图 6.8 所示。通过调整张拉控制应力可实现对应变梯度的调整。

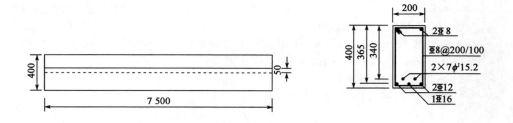

图 6.7 纯弯梁钢束线形图及截面图(尺寸单位:mm)

混凝土及非预应力筋、钢绞线参数定义,以及钢绞线预应力施加等同试验梁。对建立的几何模型分别赋予相应的材料属性,然后进行网格划分。网格尺寸变量取 50mm,划分采用映射及扫掠两种网格划分方式,生成的节点和单元规整,便于后期计算收敛。纯弯梁有限元模型如图 6.9 所示。

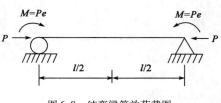

图 6.8 纯弯梁等效荷载图

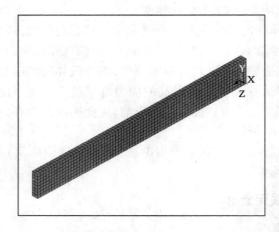

图 6.9　纯弯梁有限元模型

（2）命令流编制

finish $/clear $/prep7

! 1.定义单元与材料性质

et,1,solid65 $ et,2,link8　　　　　　　　　　　　! 定义单元类型

mp,ex,1,3.41e4 $ mp,prxy,1,0.2 $ mp,dens,1,2500e－12　! 定义混凝土的弹性模量、泊松比、密度

mp,ex,3,2.0e5 $ mp,prxy,3,0.3　　　　　　　　　! 定义普通钢筋的弹性模量、泊松比

mp,ex,2,1.95e5 $ mp,prxy,2,0.3 $ mp,alpx,2,1.0e－5　! 定义钢绞线的弹性模量、泊松比、线膨胀系数

x1 = 0.25 * acos(－ 1) * 16 * 16 $ x2 = 0.25 * acos(－ 1) * 12 * 12 * 0.5

v1 = (x1 + x2)/(100 * 50)　　　　　　　　　　! 拉区纵筋体积配箍率

v2 = 0.25 * acos(－ 1) * 8 * 8/(100 * 50)　　　　　! 压区纵筋体积配箍率

v3 = 0.25 * acos(－ 1) * 8 * 8 * 9/(100 * 1000)　　! 加密区竖向箍筋体积配箍率

v4 = 0.25 * acos(－ 1) * 8 * 8 * 13/(100 * 2750)　! 非加密区竖向箍筋体积配箍率

v5 = 0.25 * acos(－ 1) * 8 * 8 * 9/(50 * 1000)　　! 加密区水平箍筋体积配箍率

v6 = 0.25 * acos(－ 1) * 8 * 8 * 13/(50 * 2750)　! 非加密区水平箍筋体积配箍率

r,1,3,v1,0,90,3,v5 $ rmore,0,0,3,v3,90,0　　! 加密区拉区混凝土的实常数

r,2,3,v2,0,90,3,v5 $ rmore,0,0,3,v3,90,0　　! 加密区压区混凝土的实常数

r,3,3,v1,0,90,3,v6 $ rmore,0,0,3,v4,90,0　　! 非加密区拉区混凝土的实常数

r,4,3,v2,0,90,3,v6 $ rmore,0,0,3,v4,90,0　　! 非加密区压区混凝土的实常数

r,5,3,v3,90,0　　　　　　　　　　　　　! 加密区中间混凝土单元实常数

r,6,3,v4,90,0　　　　　　　　　　　　　! 非加密区中间混凝土单元实常数

r,7,139　　　　　　　　　　　　　　　　! 钢绞线实常数

！创建几何模型

blc4,,,100,400,3750 ！创建1/4几何模型

wpoff,,50 $ wprota,,90 $ vsbw,all $ wpoff,,,−200 $ vsbw,all $ wpoff,,,−100 $ vsbw,all

wpcsys,−1 $ wpoff,,,3600 $ vsbw,all

wpcsys,−1 $ wpoff,,50 $ wprota,,,90 $ vsbw,all $ wpcsys,−1

！划分网格生成有限元模型

lsel,s,line,,107 $ latt,2,7,2 $ lesize,all,50 $ lmesh,all

lsel,s,line,,102 $ latt,2,7,2 $ lesize,all,50 $ lmesh,all

vsel,s,loc,z,3750,3600 $ vsel,r,loc,y,350,400 $ vatt,1,2,1

vsel,s,loc,z,3750,3600 $ vsel,r,loc,y,0,50 $ vatt,1,1,1

vsel,s,loc,z,3750,3600 $ vsel,r,loc,y,50,350 $ vatt,1,5,1

vsel,s,loc,z,0,3600 $ vsel,r,loc,y,350,400 $ vatt,1,4,1

vsel,s,loc,z,0,3600 $ vsel,r,loc,y,0,50 $ vatt,1,3,1

vsel,s,loc,z,0,3600 $ vsel,r,loc,y,50,350 $ vatt,1,6,1

lsel,all $ lesize,96,50 $ lesize,91,50 $ lesize,33,50

lesize,40,50 $ lesize,31,50 $ lesize,16,50 ！指定线上单元边长

vsel,s,loc,z,3750,3600

mshape,0,3d $ mshkey,1 $ vmesh,all ！定义单元形状和网格划分类型

lsel,all $ lesize,87,50 $ lesize,79,50 $ lesize,22,50

lesize,38,50 $ lesize,30,50 $ lesize,14,50 ！指定线上单元边长

vsel,s,loc,z,0,3600

mshape,0,3d $ mshkey,1 $ vmesh,all ！定义单元形状和网格划分类型

！施加约束及荷载

lsel,s,loc,y,0 $ lsel,r,loc,z,3600 $ dl,all,,uy ！从中选择梁底的线,并施加竖向约束

asel,s,loc,z,0 $ da,all,symm ！在跨中处施加对称约束

asel,s,loc,x,100 $ da,all,symm ！在 $X=100$ 的所有面上施加对称约束

lsel,s,line,,107 $ lsel,a,line,,102

bfl,all,temp,−1268/(1.95e5∗1.0e−5) ！采取降温法施加1268的预应力

acel,,9800

allsel,all

！求解控制设置与求解

∗dim,day1,array,24

∗dim,fi1,array,24

∗dim,C1,array,24

day1(1)=0.05,1,7,15,21,28,35,42,49,60,70,80 ！定义荷载步(d)

day1(13)=90,105,120,150,190,240,300,420,600,720,900,1080

151

```
*do,i,1,24
fi1(i) = 2.38 * 1 * (day1(i) * *0.6)/(8 + day1(i) * *0.6)        ! 定义徐变函数
*enddo
c1(1) = fi1(1)/day1(1)/(1 + fi1(1))
*do,i,2,24
c1(i) = (fi1(i) - fi1(i - 1))/(day1(i) - day1(i - 1))/(1 + fi1(i))
*enddo
/solu $ antype,0 $ rate,on $ kbc,1                               ! 相关求解设置
nsubst,100,100,10 $ autots,on $ solcontrol,on
bfunif,temp,20

*do,i,1,24                                                       ! 求解
time,day1(i)
tb,creep,1
tbdata,1,C1(i),0,1,0,,0
lswrite,i $ lssolve,i
*enddo
finish
save


! 通用后处理及时间历程后处理
/post1                          !  通用后处理
set,24                          !  选择第 24 步
plnsol,u,y                      !  y 方向上的位移云图
/image,save,yuntu_1268wan,bmp          ! 生成 bmp 图片文件 yuntu_1268wan
/post26                         ! 时间历程后处理
/axlab,x,time(d)                  ! 定义 x、y 轴
/axlab,y,uy(mm)
/yrange,0,18                    ! 定义 y 轴范围
nsol,2,397,u,y,y_disp              ! 选择第 397 节点
abs,3,2,,,,,,1
plvar,3                          ! 显示 y 方向位移时程曲线图
/image,save,uy_1268wandisp,bmp           ! 生成 bmp 图片文件 uy_1268wandisp
```

6.3.2 预应力梁徐变(挠曲应变)系数与徐变挠度系数差异性

分析时选取徐变系数模式 $\varphi_c(t,t_0)$ 取值为 $2.38 k_t$，其中 $k_t = \dfrac{(t - t_0)^{0.6}}{8 + (t - t_0)^{0.6}}$。

152

预应力张拉控制应力分别取 1268MPa、1115 MPa、978 MPa。通过有限元分析,获取不同张拉控制应力时的徐变挠度;根据徐变挠度系数的定义,获取徐变挠度系数时程规律。通过进一步对比徐变系数与徐变挠度系数时程曲线,探究徐变系数与徐变挠度系数的差异性。分析结果如图 6.10 所示。

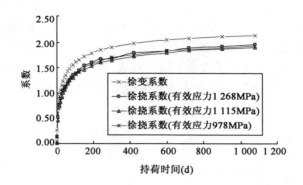

图 6.10　不同应变梯度徐变系数与徐变挠度系数数值关系对比图

由图 6.10 可知,对预应力混凝土梁而言,徐变(应变)系数与其徐变挠度系数值并非等同,两者存在差异,在已有的诸多文献中,将钢筋混凝土梁徐变系数与其徐变挠度系数或长期挠度系数等同为一个概念是不合理的,本书将在第 8 章中详细阐述。

应变梯度这一参数指标在工程中应用不便,为了进一步探究应变梯度对徐变系数与徐变挠度系数差异性的影响规律,联系第 4 章中基于消压弯矩的预应力度定义,即可将应变梯度与预应力度 λ 建立关系。当 $\lambda \geqslant 1$ 时,为全预应力梁,即外部荷载产生的弯矩 M 小于消压弯矩 M_0,此时,外部荷载的弯矩相对越大,λ 越接近于 1,应变梯度相对较大;相反,当外部荷载所产生的弯矩相对较小,λ 越远离于 1,应变梯度相对较小。当 $0 < \lambda < 1$,为部分预应力梁,即外部荷载产生的弯矩 M 大于消压弯矩 M_0。此时,外部荷载的弯矩相对越大,λ 越小,应变梯度相对较小;相反,当外部荷载所产生的弯矩相对较小,λ 越大,应变梯度相对较大。

6.3.3　预应力度对预应力混凝土梁徐变变形系数数值关系的影响

(1)试验梁徐变系数与徐变挠度系数数值关系的有限元分析[124]

采用 ANSYS 分析了 4 片试验梁的瞬时弹性挠度与徐变挠度,并计算了徐变挠度系数。为了验证预应力度对徐变系数和徐变挠度系数数值关系的影响,绘制了

4 片折线先张梁的徐变系数与徐变挠度系数对照图,如图 6.11 所示。其中软件分析中,徐变系数均采用试验梁徐变系数实测值的拟合公式计算值,具体值见第 3 章表 3.3。

从图 6.11 中看出,对 λ 为 1.12 的全预应力梁 XPB1,徐变挠度系数的有限元计算值明显大于其徐变系数;对 XPB3,λ 为 1.03,其徐变挠度系数略大于徐变系数;对部分预应力梁 XPB2 和 HPB1,λ 值分别为 0.91、0.95,其徐变挠度系数均小于徐变系数。所以可推定,对全预应力梁,徐变挠度系数大于徐变系数;对部分预应力梁,徐变挠度系数小于徐变系数,预应力度值大小直接影响两系数的数值关系。这一结论与第 4 章中采用解析法研究结论相一致。

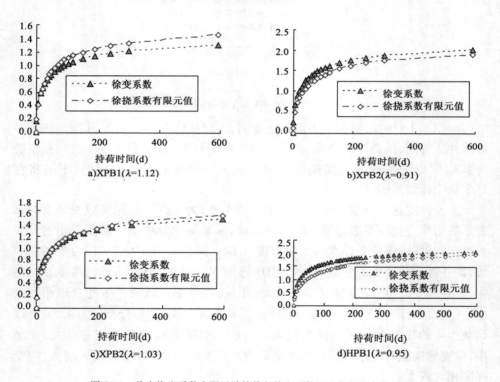

图 6.11　徐变挠度系数有限元计算值与徐变系数试验数据拟合值对比

(2)相同徐变系数不同预应力度梁徐变系数与徐变挠度系数数值关系[124]

为了进一步验证预应力度对预应力梁徐变挠度系数与徐变系数数值关系的影响,选取 6.2 节中折线先张梁有限元模型为研究对象,分析在相同徐变系数下,不同预应力度梁的徐变系数与徐变挠度系数数值关系;徐变系数计算模式分

别取 $1.52 \times \dfrac{(t-t_0)^{0.6}}{8+(t-t_0)^{0.6}}$、$1.75 \times \dfrac{(t-t_0)^{0.6}}{8+(t-t_0)^{0.6}}$。

依据基于消压弯矩的预应力度定义,通过改变二次加载值来调整其预应力度,预应力度值分别为 1.25、1.05(或 1.1)、0.9、0.8 四种情况下,持续加载约 600d,计算分析了相应的徐变挠度值。依据徐变挠度系数的定义,绘制了不同预应力度梁徐变挠度系数与徐变系数的数值关系曲线,如图 6.12 所示。

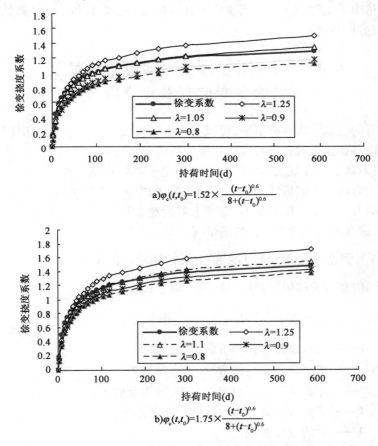

a)$\varphi_e(t,t_0)=1.52 \times \dfrac{(t-t_0)^{0.6}}{8+(t-t_0)^{0.6}}$

b)$\varphi_e(t,t_0)=1.75 \times \dfrac{(t-t_0)^{0.6}}{8+(t-t_0)^{0.6}}$

图 6.12　相同徐变系数不同预应力度梁的徐变挠度系数时程曲线对比

从图 6.12 中看出,在两种徐变系数计算公式下,通过改变预应力度值,预应力梁的徐变挠度系数与徐变系数表现出同样的规律:即在相同徐变系数计算公式下,随着预应力度值的改变,预应力梁的徐变挠度系数与徐变系数的数值关系也在改变。当预应力度值分别为 0.8、0.9 时,徐变挠度系数明显小于徐变系数;

当预应力度值为 1.1 时,徐变挠度系数略大于徐变系数,当预应力度值达到1.25时,徐变挠度系数明显大于徐变系数。预应力度值越大,徐变挠度系数与徐变系数的比值越大。

因此,徐变挠度有限元分析结果也同样表明:对于预应力度大于 1 的全预应力梁,其徐变挠度系数大于徐变系数;对部分预应力梁,其徐变挠度系数小于徐变系数。结果进一步验证了应变梯度对预应力梁的两个徐变变形系数的影响,这与第 5 章中采用解析法对不同预应力度梁徐变挠度系数和徐变系数数值关系研究的结论是一致的。

6.4 弯剪压复合受力预应力混凝土梁徐变变形有限元分析

在现有的有限元软件分析中,可以实现计算挠度时是否考虑剪切变形,但无法实现考虑剪切徐变对长期挠度的贡献。桥梁处于弯剪扭等复杂的应力状态之下,不同应力状态下混凝土徐变性能并不完全一致。本章通过对混凝土处于弯剪压复合应力状态下的折线布束预应力混凝土梁徐变变形进行分析,探讨折线布束对预应力混凝土梁徐变变形的影响,并分析弯剪压复合受力构件徐变变形受跨高比、徐变模式及剪力值的影响情况。

6.4.1 剪切徐变对预应力混凝土梁长期变形的影响

梁式结构在荷载作用下弹性位移的一般公式为:

$$\Delta = \sum \int \frac{\overline{M} M_p}{EI} \mathrm{d}s + \sum \int \frac{\overline{N} N_p}{EA} \mathrm{d}s + \sum \int k \frac{\overline{Q} Q_p}{GA} \mathrm{d}s \qquad (6.9)$$

式中:　　　Δ ——结构在荷载作用下的弹性位移;

M_p、N_p、Q_p ——实际荷载引起的弯矩、轴力及剪力;

$\overline{M}$、$\overline{N}$、$\overline{Q}$ ——虚设单位荷载引起的弯矩、轴力及剪力;

k ——截面剪应力分布的不均匀修正系数;

A ——梁的截面面积;

I ——截面的抗弯惯性矩;

E ——梁材料的弹性模量;

G ——梁材料的剪切模量。

上式中等号右边第一项为弯曲变形,第二项为轴向变形,第三项即为剪切变形。对于箱梁桥上部结构的竖向挠度而言,第一项是主要的,第二项不予考虑,而剪切变形对总变形的影响程度视箱梁的高跨比而定。

但对预应力混凝土桥梁结构,其长期变形往往是由混凝土的收缩徐变、预应力损失及梁体开裂引起的刚度退化等时变特性共同引起的,但也有一些学者认为剪切变形,也是造成梁体下挠的原因之一。对于薄腹箱梁,剪切变形及其引起的下挠是不可忽略的。部分学者采用有限单元法,计算了成桥状态下箱梁的剪切变形,认为剪切徐变挠度占弯曲徐变挠度的 13.6%[125],因此,剪切徐变对长期挠度的影响不可忽略。

6.4.2 弯剪压复合受力梁徐变变形有限元分析

（1）有限元模型

依据预应力等效荷载理论,选取弯剪压复合受力梁作为研究对象,其截面、钢束布置图及等效荷载图分别如图 6.13、图 6.14 所示。本方案中通过调整张拉控制应力可实现对剪力值的调整。

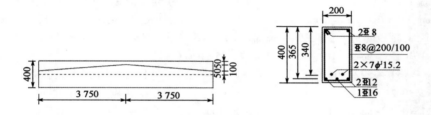

图 6.13 弯剪压复合受力构件钢束线形图及截面图(尺寸单位:mm)

混凝土及非预应力筋、钢绞线参数,以及钢束预应力施加等均同试验梁。对建立的几何模型分别赋予相应的材料属性,然后进行网格划分。网格尺寸变量取 50mm,划分采用映射及扫掠两种网格划分方式,生成的节点和单元规整,便于后期计算收敛。弯剪压复合受力梁的有限元模型如图 6.15 所示。

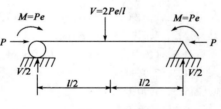

图 6.14 弯剪压复合受力构件
预应力等效荷载图

（2）命令流编制

finish $/clear $/prep7

! 1.定义单元与材料性质

et,1,solid65 $ et,2,link8   ! 定义单元类型

157

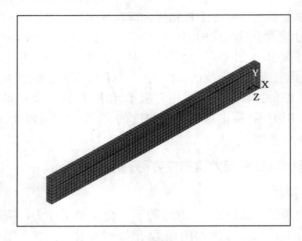

图 6.15　弯剪压复合受力梁有限元模型

mp,ex,1,3.41e4 $ mp,prxy,1,0.2 $ mp,dens,1,2500e-12 ! 定义混凝土的弹性模量、泊松比、密度

mp,ex,3,2.0e5 $ mp,prxy,3,0.3　　　　　　　　　! 定义普通钢筋的弹性模量、泊松比

mp,ex,2,1.95e5 $ mp,prxy,2,0.3 $ mp,alpx,2,1.0e-5　! 定义钢绞线的弹性模量、泊松比、线膨胀系数

x1 = 0.25 * acos(-1) * 16 * 16 $ x2 = 0.25 * acos(-1) * 12 * 12 * 0.5

v1 = (x1 + x2)/(100 * 50)　　　　　　　　　! 拉区纵筋体积配箍率

v2 = 0.25 * acos(-1) * 8 * 8/(100 * 50)　　　　　! 压区纵筋体积配箍率

v3 = 0.25 * acos(-1) * 8 * 8 * 9/(100 * 1000)　　　! 加密区竖向箍筋体积配箍率

v4 = 0.25 * acos(-1) * 8 * 8 * 13/(100 * 2750)　　! 非加密区竖向箍筋体积配箍率

v5 = 0.25 * acos(-1) * 8 * 8 * 9/(50 * 1000)　　　! 加密区水平箍筋体积配箍率

v6 = 0.25 * acos(-1) * 8 * 8 * 13/(50 * 2750)　　! 非加密区水平箍筋体积配箍率

r,1,3,v1,0,90,3,v5 $ rmore,0,0,3,v3,90,0 ! 加密区拉区混凝土的实常数

r,2,3,v2,0,90,3,v5 $ rmore,0,0,3,v3,90,0 ! 加密区压区混凝土的实常数

r,3,3,v1,0,90,3,v6 $ rmore,0,0,3,v4,90,0 ! 非加密区拉区混凝土的实常数

r,4,3,v2,0,90,3,v6 $ rmore,0,0,3,v4,90,0 ! 非加密区压区混凝土的实常数

r,5,3,v3,90,0　　　　　　　　　　　　! 加密区中间混凝土单元实常数

r,6,3,v4,90,0　　　　　　　　　　　　! 非加密区中间混凝土单元实常数

r,7,139　　　　　　　　　　　　　　! 钢绞线实常数

! 创建几何模型

blc4,,,,100,400,3750　　　　　　　　　　! 创建1/4几何模型

wpoff,,50 $ wprota,,90 $ vsbw,all $ vsbw,all $ wpoff,,,-200 $ vsbw,all $ wpoff,,,-100 $ vsbw,all

wpcsys,-1 $ wpoff,,,3600 $ vsbw,all

wpcsys,-1 $ wpoff,,,150 $ vsbw,all

wpcsys, -1 \$ wpoff, ,350 \$ wprota, , $-180 * $ atan$(375/10)/$acos(-1) \$ vsbw, all \$ vsel, all

wpoff,50 \$ wprota, , ,90 \$ vsbw, all \$ wpcsys, -1

！划分网格生成有限元模型

vsel, s, loc, z, 3750, 3600 \$ vsel, r, loc, y, 350, 400 \$ vatt, 1, 2, 1

vsel, s, loc, z, 3750, 3600 \$ vsel, r, loc, y, 0, 50 \$ vatt, 1, 1, 1

vsel, s, loc, z, 3750, 3600 \$ vsel, r, loc, y, 50, 350 \$ vatt, 1, 5, 1

vsel, s, loc, z, 0, 3600 \$ vsel, r, loc, y, 350, 400 \$ vatt, 1, 4, 1

vsel, s, loc, z, 0, 3600 \$ vsel, r, loc, y, 0, 50 \$ vatt, 1, 3, 1

vsel, s, loc, z, 0, 3600 \$ vsel, r, loc, y, 50, 350 \$ vatt, 1, 6, 1

vsel, s, loc, z, 0, 3750

asel, s, loc, x, 50

lsel, s, line, , 105 \$ latt, 2, 7, 2 \$ lesize, all, , , 2 \$ lmesh, all

lsel, s, line, , 69 \$ latt, 2, 7, 2 \$ lesize, all, , , 2 \$ lmesh, all

lsel, s, line, , 174 \$ latt, 2, 7, 2 \$ lesize, all, , , 69 \$ lmesh, all   ！对钢绞线进行单元尺寸控制

lsel, all \$ lesize, 159, 50 \$ lesize, 151, 50 \$ lesize, 33, 50

lesize, 40, 50 \$ lesize, 31, 50 \$ lesize, 16, 50

vsel, s, loc, z, 3750, 3600

mshape, 0, 3d \$ mshkey, 1 \$ vmesh, all   ！指定线上单元边长

lsel, all \$ lesize, 125, 50 \$ lesize, 130, 50 \$ lesize, 22, 50

lesize, 38, 50 \$ lesize, 30, 50 \$ lesize, 14, 50

vsel, s, loc, z, 0, 150

mshape, 0, 3d \$ mshkey, 1 \$ vmesh, all

lesize, 171, 50

vsel, s, loc, z, 3600, 150

\$ vsweep, all

！施加约束及荷载

lsel, s, loc, y, 0 \$ lsel, r, loc, z, 3600 \$ dl, all, , uy   ！从中选择梁底的线,并施加竖向约束

asel, s, loc, z, 0 \$ da, all, symm   ！在跨中处施加对称约束

asel, s, loc, x, 100 \$ da, all, symm   ！在 $X = 100$ 的所有面上施加对称约束

lsel, s, line, , 105 \$ lsel, a, line, , 69

\$ lsel, a, line, , 174

bfl, all, temp, $-1268/(1.95e5 * 1.0e-5)$ ！采取降温法施加 1268 的预应力

acel, , 9800

allsel, all

！求解控制设置与求解

```
* dim,day1,array,24
* dim,fi1,array,24
* dim,C1,array,24
day1(1) = 0.05,1,7,15,21,28,35,42,49,60,70,80        ! 定义荷载步(d)

day1(13) = 90,105,120,150,190,240,300,420,600,720,900,1080
* do,i,1,24
fi1(i) = 2.38 * 1 * (day1(i) * * 0.6)/(8 + day1(i) * * 0.6)    ! 定义徐变函数
* enddo
c1(1) = fi1(1)/day1(1)/(1 + fi1(1))
* do,i,2,24
c1(i) = (fi1(i) - fi1(i - 1))/(day1(i) - day1(i - 1))/(1 + fi1(i))
* enddo

/solu
antype,0                            ! 定义分析类型为静态分析
$ rate,on                           ! 打开蠕变分析
$ kbc,1                             ! 载荷增加方式为阶跃加载
nsubst,100,100,10 $ autots,on $ solcontrol,on   ! 子步数和自动时间步设置
bfunif,temp,20                      ! 初始温度为20℃
* do,i,1,24                         ! 求解
time,day1(i)
tb,creep,1                          ! 激活非线性材料属性表
tbdata,1,C1(i),0,1,0,,0             ! 定义表格中的数据
lswrite,i $ lssolve,i              ! 将荷载步写入文件并求解
* enddo
finish
save
! 通用后处理及时间历程后处理
/post1                              !    通用后处理
set,24                             !    选择第24步
plnsol,u,y                         !    y方向上的位移云图
/image,save,yuntu_1268wanjian,bmp      ! 生成bmp图片文件 yuntu_1268wanjian
/post26                            ! 时间历程后处理
/axlab,x,time(d)                   ! 定义x、y轴
/axlab,y,uy(mm)
```

```
/yrange,0,28                    ! 定义 y 轴范围
nsol,2,193,u,y,y_disp           ! 选择第 193 节点
abs,3,2,,,,,,1
plvar,3                         ! 显示 y 方向位移时程曲线图
/image,save,uy_1268wanjaindisp,bmp    ! 生成 bmp 图片文件 uy_1268wanjiandisp
```

6.4.3　折线束引起剪力对弯剪压复合受力梁徐变挠度的影响及机理分析

将上述弯剪压复合受力构件与纯弯构件徐变性能进行有限元对比分析,两类梁几何尺寸、截面及材料性能均相同,其张拉控制应力亦相同,即预应力偏心弯矩及其形成的压应力均相等。计算分析了多种徐变系数情况下弯压与弯剪压两类复合受力梁的徐变挠度,依据徐变挠度的定义绘制了三个代表性的徐变系数对应的两类梁徐变挠度系数时程曲线对比,如图 6.16 所示。

从图 6.16 中看出,在相同徐变系数情况下,弯压梁和弯剪压梁的徐变挠度系数并不相同,图中三种情况下均是弯压梁的徐变挠度系数大于弯剪压梁的徐变挠度系数。这表明折线布束情况下,弯剪压梁徐变挠度发展并没有弯压梁迅速。结合两类梁等效荷载图图 6.8 和图 6.14 可知,折线束对预应力混凝土梁产生剪力效应的同时,在梁纵向亦产生轴压力。而轴压应力的存在对剪切变形是有影响的,根据混凝土结构基本理论可知,轴向压力对混凝土抗剪能力影响如图 6.17 所示[126]。因此,折线布束引起的效应可降低预应力混凝土梁徐变挠度系数,对折线先张法预应力混凝土梁的长期变形控制是有利的,但具体影响指标尚需结合试验进一步量化。

6.4.4　折线布束弯剪压复合受力预应力混凝土梁徐变挠度影响因素

由于钢束线形的差异,折线布束弯剪压复合受力梁的徐变挠度除了受弯矩效应影响外,尚需进一步分析徐变系数、跨高比及剪力值三个因素。具体分析思路是通过改变上述三因素,变化幅度为在基准值的基础上改变 $-15\% \sim +20\%$,获取徐变挠度的变化幅度;通过有限元计算由于折线布束引起的挠度增量(各种工况均相同情况下,弯剪压梁与弯压梁徐变挠度的差值)与弯剪压徐变挠度比值的改变量,进而分析折线布束的弯剪压复合受力预应力混凝土梁徐变挠度受徐变系数、跨高比及剪力值三因素影响的敏感程度。

(1)剪力值、徐变系数及跨高比对弯剪压构件徐变挠度增量的影响

分析时基准梁相应参数为:徐变模式 $2.38 \times \dfrac{(t-t_0)^{0.6}}{8+(t-t_0)^{0.6}}$,跨高比 18,有

161

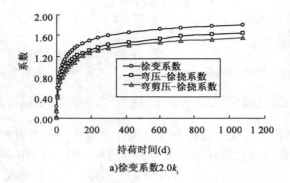

a)徐变系数2.0k_t

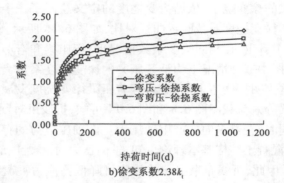

b)徐变系数2.38k_t

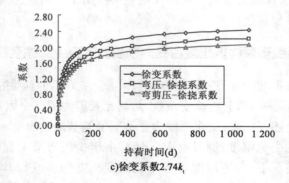

c)徐变系数2.74k_t

图6.16 不同徐变系数下弯压梁与弯剪压梁徐变挠度系数对比

注：$k_t = \dfrac{(t - t_0)^{0.6}}{8 + (t - t_0)^{0.6}}$。

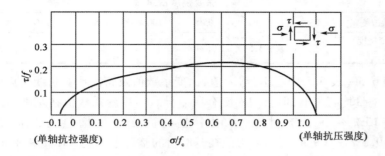

图 6.17 混凝土在正应力和剪应力共同作用下的强度曲线

效张拉应力 1 057MPa。通过改变有效张拉应力,在基准梁的基础上改变 −15% ~ +20%,计算至 1080d 时由剪力值引起的徐变挠度,并分析了折线束引起的挠度变化占总徐变挠度值的百分比,如表 6.3 所示。

剪力值对弯剪压构件徐变挠度占总徐变挠度值的影响分析　　表 6.3

剪力值改变量	85%	90%	95%	100%	105%	110%	120%
徐变挠度改变量	− 12%	− 7.5%	− 3.7%	—	+3.8%	8.0%	16%

以有效张拉应力为 1268MPa 为基础值,徐变模式选择前期中试验获取的徐变模式,即 $2.38 \times \dfrac{(t - t_0)^{0.6}}{8 + (t - t_0)^{0.6}}$,以跨高比为 10 的梁为基准梁,通过改变跨高比,使跨高比在 8 ~ 18 间变化,计算至 1080d 时由跨高比值的改变引起的徐变度挠度,并重点分析剪力值引起的挠度变化占基准梁对应的剪力引起徐变挠度值的百分比,如表 6.4 所示。

跨高比对弯剪压构件徐变挠度占总徐变挠度值的影响分析　　表 6.4

跨高比	8	10	12	14	16	18
剪力徐变挠度/总徐变挠度	− 42%	—	37%	58%	71%	71%

以有效张拉应力为 1268MPa 为基础值,以跨高比为 18 的梁为基准梁,徐变系数值为 $2.38 \times \dfrac{(t - t_0)^{0.6}}{8 + (t - t_0)^{0.6}}$ 为基准值,通过使徐变系数值在基准值基础上改变 −15% ~ +20%,计算至 1080d 时,剪力值引起的挠度变化占基准梁值对应的剪力引起的徐变挠度值的百分比,如表 6.5 所示。

徐变系数值对弯剪压构件徐变挠度占总徐变挠度比值分析　　表6.5

徐变系数改变量	85%	90%	95%	100%	105%	110%	120%
剪力徐变挠度/总徐变挠度	−9.3%	−3.5%	−3.1%	—	+2.9%	5.6%	9.4%

从表6.3~表6.5中看出,剪力值、徐变系数值及跨高比对折线布束引起的徐变挠度增量均有影响,但影响程度有所差异。当徐变系数值在基准值的基础上改变 −15% ~ +20% 时,剪力值引起的徐变挠度增量占总徐变挠度百分比 −9.3% ~ +9.4%;当剪力值在基准值的基础上改变 −15% ~ +20% 时,徐变挠度占总徐变挠度百分比 −12% ~ +16%;依据工程实践可能性,跨高比以10 为基础,当跨高比值在8~18 变动时,剪力值引起的徐变挠度增量占总徐变挠度百分比 −42% ~ +71%。因此可以推证:跨高比的改变对剪力引起徐变度占总徐变挠度比值影响较大,且跨高比越小时的改变影响更为明显;剪力值次之,徐变系数值对剪力徐变挠度影响相对较小,但亦不容忽略。

（2）折线布束的弯剪压复合受力梁徐变挠度影响因素的敏感性分析

为了进一步分析三种因素对剪力引起的徐变挠度的贡献,选择纯弯曲梁和弯剪梁为研究对象,选择加载1d、90d 及 1 080d 三个代表性时刻点,分析弯剪压梁徐变挠度与弯压徐变挠度差值同弯剪压梁总徐变挠度比值的变化规律,如图6.18~图6.20 所示,进而分析剪力徐变挠度受各因素影响的敏感程度。

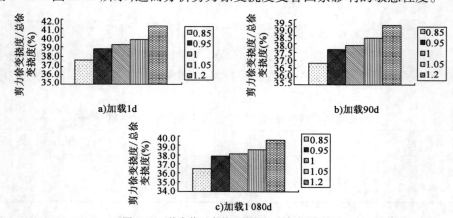

图6.18　剪力值对弯剪压构件徐变挠度的影响

从图6.18 中看出,加载初期,剪力值变化幅度 −15% ~ +20%,剪力引起徐变挠度占总徐变挠度的比值变化为37.5% ~41.2%,变化幅度为 4% 左右;且剪力引起徐变挠度占总挠度的百分比随加载时间增长而略有降低,但变化幅度维持在 4% 左右。从图6.19 中看出,加载初期,徐变系数值变化幅度 −15% ~ +20%,

剪力引起徐变挠度占总徐变挠度的比值变化 41% 左右,变化幅度很小;且剪力引起徐变挠度占总挠度的百分比随时间增长而略有降低,但变化幅度一直不大。从图 6.20 中看出,加载初期,跨高比在 8～18 变动,剪力引起徐变挠度占总徐变挠度的比值变化为 33%～41%,变化幅度为 8% 左右;且剪力引起徐变挠度占总挠度的百分比随加载时间增长而略有降低,但变化幅度维持在 8% 左右。

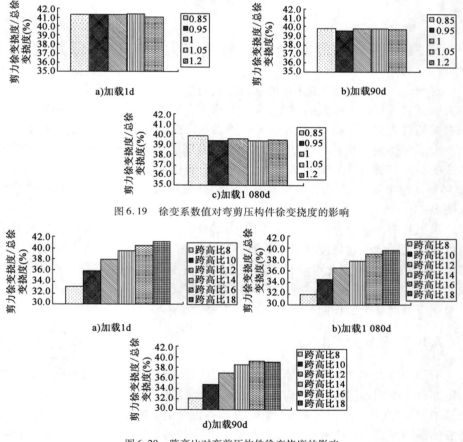

图 6.19　徐变系数值对弯剪压构件徐变挠度的影响

图 6.20　跨高比对弯剪压构件徐变挠度的影响

因此,在剪力值、徐变系数值及跨高比几个因素中,对折线配束梁的跨高比对徐变挠度增量影响较大,剪力值对折线布束引起徐变挠度增量影响不大,而徐变系数值变化对折线布束引起的徐变挠度增量影响较小。可以推论:跨高比、徐变系数模式及剪力值对大跨径预应力箱梁均有影响,对于大跨径预应力混凝土箱梁的长期挠度预估中,考虑剪切徐变对长期变形的影响是必要的。

7 时变应力对折线先张梁长期变形的影响

7.1 预应力混凝土梁桥时变应力构成及计算方法

对预应力混凝土桥梁结构,预应力损失对结构长期性能影响很大。造成预应力钢束有效预应力降低的现象,称之为预应力损失,主要包括瞬时损失和与时间有关的时变损失。其中,瞬时损失在桥梁制作或成桥阶段已完成;而时变预应力损失需要持续很长时间,其主要包括预应力筋的松弛损失及混凝土收缩徐变造成的损失。研究结果表明,8 年内预应力长期损失较成桥时的有效预应力降低 16% 甚至更多,且预应力损失及其与收缩徐变耦合效应导致桥梁长期挠度增加明显[126,127]。

采用有限元软件分析表明,折线先张梁在服役 10 年时,时变应力损失及其与收缩徐变耦合引起挠度增量占长期挠度增量的 10% 以上,且随时间增长仍略增加,并与梁体刚度退化等多种因素相互耦合,进而引发桥梁多种长期病害[47]。因此,预应力长期损失对桥梁结构影响不容忽略,研究预应力损失引起的时变应力对预应力混凝土梁长期变形的影响有重要意义。

7.1.1 预应力损失构成

由于预应力施工技术水平存在差异,国内外对预应力损失的构成或成因的认定亦有所不同,并提出了对应的各种估算预应力损失的方法,但预应力损失值计算结果存在较大差异。国外对预应力结构设计时,忽略了不同张拉锚固体系造成的锚固预应力损失和摩擦损失差别大这一特性,均认为锚固损失和摩擦损失可以通过施工工艺进行弥补,仅规定了锚固完毕后预应力钢筋的初始最小预应力值。因此,国外预应力损失的计算主要包括:

(1)混凝土弹性压缩损失;

(2)混凝土收缩徐变损失;

(3)预应力钢筋松弛损失。

在国内,考虑预应力结构的张拉锚固及施工技术相对落后、施工管理水平不

高等客观因素,预应力损失计算主要包括:

(1)预应力筋与管道壁之间的摩擦损失;

(2)锚具变形、钢筋回缩和接缝压缩时钢筋回缩产生的损失;

(3)养护温差损失;

(4)混凝土弹性压缩损失;

(5)预应力钢筋的松弛损失;

(6)混凝土的收缩徐变。

使用 MIDAS 软件分析预应力混凝土结构时,预应力损失分为张拉后瞬间损失、弹性变形损失、收缩徐变损失和应力松弛损失。以某根钢束为例,在总的预应力损失中,张拉后瞬间损失占64%、弹性变形损失占10%、收缩徐变损失占9%、应力松弛损失占 17% ,收缩徐变损失和预应力筋松弛损失占总损失的26%[128]。也有研究表明,与时间相关的两项损失占总损失的30%甚至更高[126]。潘立本[129]认为:混凝土收缩与徐变引起的预应力损失在总损失中可占30% ~60% ,这部分损失与温度、湿度、混凝土强度及弹性模量、构件尺寸及负荷应力等因素有关。

实际上,在预应力损失各项成因中,瞬时损失和弹性变形损失占主导地位,在施工阶段可按现有公式计算或进行实时监测获取;且施工阶段的损失往往通过补张拉或在前期设计过程中进行预估予以考虑。而对预应力筋的松弛损失和收缩徐变损失均与时间有关,在结构施工完成以后的后期使用阶段,上述两项损失均长期存在,这两项损失称为时变应力损失。造成预应力混凝土结构长期性能降低的原因中,预应力长期损失是主要因素之一。对折线先张梁,施工阶段或制作阶段的预应力损失与后张法梁进行对比,发现两者实测值及计算方法均存在较大差异[130]。因此,探究时变应力对折线先张梁长期变形的影响,对有效预测并准确分析预应力时变损失对结构性能的影响十分必要。

7.1.2　时变应力损失的计算方法

混凝土收缩徐变和预应力筋应力松弛是预应力混凝土结构长期预应力损失的主导因素,已形成如下几种算法:①分项计算叠加法:分别计算收缩徐变和预应力筋松弛损失,然后两项损失相加获得总时变损失。但该方法对收缩徐变与预应力钢束的耦合因素未作考虑。②时步分析法:考虑混凝土收缩徐变和预应力筋松弛之间的相互影响时,将整个时间划分为多个很小的时间段,叠加各时间段的预应力损失求得总损失。在有限元软件如 ANSYS 编制 APDL 语言时,采用此法。③总体估算法:将与时间有关的所有预应力损失综合在一起,估算出预应力时随损失。该法考虑了收缩徐变与时变应力损失的耦合因素,但不同计算方法之间存在较大差异,甚至影响工程应用。

1)分项计算叠加法

计算预应力筋长期应力损失时,独立考虑混凝土收缩徐变和预应力筋松弛对预应力筋应力损失的影响。如我国现行《混凝土结构设计规范》(GB 50010—2010)、《公路钢筋混凝土及预应力混凝土桥涵设计规范》(JTG D62—2012)均分项计算后叠加。

(1)GB 50010—2010 对时变应力损失的计算

①预应力钢筋的应力松弛引起的预应力损失 σ_{l4}。钢筋在高应力作用下具有随着时间而增长的塑性变形性能,但钢筋长度不变时,应力会随着时间的增长而降低,这称为钢筋的应力松弛。钢筋的松弛会引起预应力损失,这类损失称为应力松弛损失 σ_{l4}。预应力钢筋的应力松弛与钢筋的材料性质有关。

对于普通松弛的预应力钢丝、钢绞线:

$$\sigma_{l4} = 0.4\psi\left(\frac{\sigma_{\mathrm{con}}}{f_{\mathrm{ptk}}} - 0.5\right)\sigma_{\mathrm{con}} \tag{7.1}$$

一次张拉 $\psi = 1.0$,超张拉 $\psi = 0.9$。对于低松弛的预应力钢丝、钢绞线,当 $\sigma_{\mathrm{con}} \leqslant 0.7f_{\mathrm{ptk}}$ 时:

$$\sigma_{l4} = 0.125\left(\frac{\sigma_{\mathrm{con}}}{f_{\mathrm{ptk}}} - 0.5\right)\sigma_{\mathrm{con}} \tag{7.2}$$

当 $0.7f_{\mathrm{ptk}} < \sigma_{\mathrm{con}} \leqslant 0.8f_{\mathrm{ptk}}$ 时:

$$\sigma_{l4} = 0.2\left(\frac{\sigma_{\mathrm{con}}}{f_{\mathrm{ptk}}} - 0.575\right)\sigma_{\mathrm{con}} \tag{7.3}$$

对于预应力螺纹钢筋,一次张拉取 $\sigma_{l4} = 0.04\sigma_{\mathrm{con}}$,超张拉时取 $\sigma_{l4} = 0.03\sigma_{\mathrm{con}}$。

另外,当 $\sigma_{\mathrm{com}}/f_{\mathrm{ptk}} \leqslant 0.5$ 时,预应力筋的应力松弛损失值可取为零。

预应力钢筋应力松弛与时间有关,在张拉初期发展很快,第1min 内大约完成50%,24h 内约完成80%,1000h 以后增长缓慢,5000h 后仍有所发展。根据这一现象,若采用短时间内超张拉的方法,可有效减少松弛引起的预应力损失。

②混凝土收缩和徐变引起的预应力损失 σ_{l5}。在一般湿度条件下(相对湿度60% ~70%),混凝土硬化时体积收缩,而在预压力作用下,混凝土又发生徐变。混凝土的徐变、收缩都使构件的长度缩短,造成预应力损失 σ_{l5}。由于收缩和徐变是伴随产生,且两者的影响因素部分相似,因而混凝土收缩和徐变引起的钢筋应力变化的规律也基本相同。故该规范规定的由混凝土收缩及徐

变引起的受拉区和受压区预应力钢筋的预应力损失 σ_{l5}、$\sigma_{l5}{}'$ 可按下列公式计算：

先张法构件：

$$\sigma_{l5} = \frac{60 + 340\dfrac{\sigma_{pc}}{f'_{cu}}}{1 + 15\rho}\ (\text{MPa}) \tag{7.4}$$

$$\sigma'_{l5} = \frac{60 + 340\dfrac{\sigma'_{pc}}{f'_{cu}}}{1 + 15\rho'}(\text{MPa}) \tag{7.5}$$

后张法构件：

$$\sigma_{l5} = \frac{55 + 300\dfrac{\sigma_{pc}}{f'_{cu}}}{1 + 15\rho}\ (\text{MPa}) \tag{7.6}$$

$$\sigma'_{l5} = \frac{55 + 300\dfrac{\sigma'_{pc}}{f'_{cu}}}{1 + 15\rho'}(\text{MPa}) \tag{7.7}$$

式中各种符号含义可参照规范。

（2）JTG D62—2004 规范中对时变应力损失的计算

我国 JTG D62—2004 规范中,对于预应力筋松弛损失和混凝土收缩徐变损失也是分项计算,具体计算方法为：

①预应力筋松弛损失 σ_{l5} 为预应力筋由于钢筋松弛引起的预应力损失终极值,对预应力钢绞线可按下式计算：

$$\sigma_{l5} = \psi\zeta\left(0.52\frac{\sigma_{pe}}{f_{pk}} - 0.26\right)\sigma_{pe} \tag{7.8}$$

式中：ψ ——张拉系数,一次张拉时取 1.0,超张拉时取 0.9;

ζ ——钢筋松弛系数,普通松弛取 1.0,低松弛取 0.3;

σ_{pe} ——传力锚固时的钢筋应力;

f_{pk} ——预应力钢束抗拉强度标准值。

②混凝土收缩、徐变引起的预应力损失。由混凝土收缩、徐变引起的构件受拉区和受压区预应力钢筋的预应力损失 σ_{l6}、σ'_{l6},可以按下列公式计算：

$$\sigma_{l6} = \frac{0.9\left[E_p\varepsilon_{cs}(t,t_0) + \alpha_{EP}\sigma_{pc}\varphi(t,t_0)\right]}{1 + 15\rho\rho_{ps}} \tag{7.9}$$

169

$$\sigma_{l6}' = \frac{0.9[E_p\varepsilon_{cs}(t,t_0) + \alpha_{EP}\sigma_{pc}'\phi(t,t_0)]}{1 + 15\rho'\rho_{ps}'} \tag{7.10}$$

式中各符号可参见规范。

分项计算叠加法中的混凝土收缩、徐变引起的预应力损失值计算时,没有引入预应力筋固有松弛的影响,在预应力筋固有松弛计算中也没有考虑混凝土的收缩、徐变影响。混凝土收缩徐变和预应力筋固有松弛均独立计算,对二者的耦合作用考虑不足。

2)时步分析法

由于混凝土结构收缩徐变的存在与发展,预应力钢筋会随收缩徐变变化而缩短,从而产生预应力损失;另一方面,随着预应力钢筋应力损失的增加,结构的混凝土收缩徐变又会减小,继而形成徐变恢复。考虑混凝土收缩徐变和钢筋应力松弛之间的相互影响,计算预应力损失时,在计算程序中需要将结构持荷时间划分为若干小的时段,预应力分析的精度取决于时段的长度和混凝土龄期。如果将时段划分得更细,则可提高分析精度。在每一时段末,预应力钢束的应力应该等于该时段初始时刻的钢束应力,减去该时段该钢束计算得到的预应力损失。

根据预应力损失随时间变化的特点,1971 年 Branson 等提出了时步分析法,之后 Tadros 等对其方法不断改进,在 1975 年、1985 年和 2003 年分别提出了逐步改进的时步分析法,1997 年 PCI-BDM 等也提出自己的时步分析法,但这些方法均大同小异,仅根据各国环境条件在混凝土收缩徐变模式的选择和环境条件及截面的计算等方面有所区别[130]。

1998 年,潘立本等根据混凝土结构总预应力损失中,收缩徐变引起的预应力损失为主要组成部分,考虑了非预应力钢筋的影响作用,提出分段逼近的时步分析法,求解任意时刻先张法预应力混凝土构件由收缩徐变引起的预应力损失值。该方法通过把总时间分成若干时段,求解时叠加各时段中因收缩徐变引起的预应力损失,从而获得混凝土结构的预应力总损失。该法在有限元软件计算收缩徐变时可采用,如 ANSYS 软件编制命令流时可采用。

3)综合估算法

计算预应力筋长期应力损失的方法应考虑混凝土收缩、徐变与预应力筋松弛的相互影响作用。如欧洲规范、CEB-FIP 规范、澳大利亚混凝土结构设计规范、美国公路桥梁规范、加拿大公路桥梁规范、我国陈永春中值系数法、加拿大学者 AminGhali 提出的计算方法。

但上述各种计算方法均有自身的局限性,如由于混凝土收缩徐变特性及预应力筋固有松弛特性预测的不准确,一些方法的形成是通过混凝土构件试验总结得出,这些试验所依存的材料特性和环境条件都是特定的,但是实际工程应用中这些条件是变化的。这些规范方程没有随实际工程和试验环境不同而采用适当的调整系数,而且采用了在特定测试条件下得出的混凝土收缩徐变特性及预应力筋松弛特性对预应力损失影响的系数。另外,有的方法提出了考虑混凝土收缩徐变的预应力长期损失计算方程,并没有综合考虑混凝土收缩徐变和预应力松弛二者的相互耦合作用,只是简单地分开独立考虑或者用经验系数来表达二者相互作用。如美国的 AASHTO、澳洲规范均单方面考虑混凝土收缩、徐变对预应力筋固有松弛的影响,未能考虑预应力筋松弛对混凝土收缩徐变的影响。同时,计算公式中混凝土收缩、徐变损失的计算考虑因素过少,忽略了影响混凝土收缩、徐变的众多因素。对非预应力筋的存在影响均是经验性的考虑,没有具体引入公式[132,133]。

我国陈永春等[134]均考虑了混凝土收缩徐变和预应力筋固有松弛的耦合作用对预应力长期损失的影响。但是,上述公式计算复杂,涉及参数众多,工程应用时十分不便。混凝土桥梁收缩徐变、预应力筋松弛的不确定性,主要表现在徐变系数与收缩应变和预应力筋应力松弛引起预应力损失等方面。

卢志芳、刘沐宇等[134]基于准确快速抽样的拉丁超立方抽样法和按龄期调整的有效模量法,推导了同时考虑收缩徐变时变性和不确定性,及其与预应力筋应力松弛相互作用的预应力损失计算公式,如式(8.11)所示。该法根据预应力钢筋由加载龄期 t_0 到 t 时减少的应力即为预应力筋长期预应力损失 $\sigma_{ps}(t)$,因此,考虑混凝土收缩徐变时变性与预应力筋应力松弛所引起的预应力损失计算公式为:

$$\sigma_{ps}(t) = \frac{\varepsilon_{cs}(t,t_0) + \dfrac{\sigma_c(t_0)\phi(t,t_0)}{E_0} + \dfrac{\overline{\sigma_p}(t)}{E_p}}{\dfrac{1}{E_p} + \dfrac{\mu\rho}{E_0}[1 + \chi(t,t_0)\phi(t,t_0)]} \tag{7.11}$$

式中各符号含义可参见文献[131]。

选择第 2 章中的试验梁 XPB1 为研究对象,根据规范 JTG D62—2012,本试验梁的具体情况,该值可取为 $h/h_0 = 1.33$。根据试验情况,室内梁年平均相对湿度 80%,$\varepsilon_{cs0} = 0.310 \times 10^3$;室外梁年平均相对湿度 55%,$\varepsilon_{cs0} = 0.529 \times 10^3$,$t_s = 7$,$t_0 = 35$。同时采用式(7.11)对 XPB1 梁进行计算,两种方法计算的预应力时变损失时程曲线如图 7.1 所示,代表性时刻点对比值如表 7.1 所示。

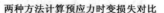

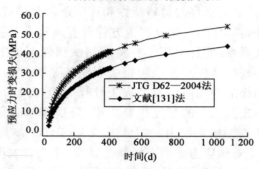

图 7.1　预应力时变损失时程曲线图

由于两种计算方法考虑因素的不同,从图 7.1 和表 7.1 中看出,两种方法对同一对象的计算结果存在较大差异,计算值 1080d 时,计算误差占时变损失的20% ~ 25%。因此,计算预应力损失的方法选取对桥梁结构的长期性能的预估影响很大,作者运用式(7.11)对所引文献中试验案例进行了反算,结果误差较大。文献[131]的方法提供了一种计算时变应力损失的思路,但具体计算精度尚需进一步提炼,式(7.11)诸多系数尚需进一步验证。

代表性时刻点的预应力时变损失计算值　　　　　　表 7.1

代表性时刻 (d)	JTG D62—2004 法				文献[131]法 综合时变损失
	收缩损失	徐变损失	松弛损失	总时变损失	
35	1.35	2.57	3.37	7.29	4.78
90	9.00	5.29	7.04	21.33	15.81
180	15.89	6.32	8.53	30.74	23.83
360	23.42	7.04	9.82	40.27	32.22
540	27.72	7.36	10.53	45.61	36.99
720	30.57	7.55	11.03	49.15	40.16
1080	34.16	7.77	11.73	53.66	44.21

注:时刻自张拉时刻开始计算,构件28d 放张,35d 开始二次加载。

7.1.3　折线先张梁预应力损失有限元法计算

(1)有限元计算[123]

根据第 6 章 6.2 节有限元计算结果,绘制了加载后 3 根折线先张梁预应力钢绞线沿梁纵向的预应力分布情况图(由于建模是采用1/4 模型,图中仅表示左半跨梁,由对称性可知全梁情况),如图 7.2 所示。

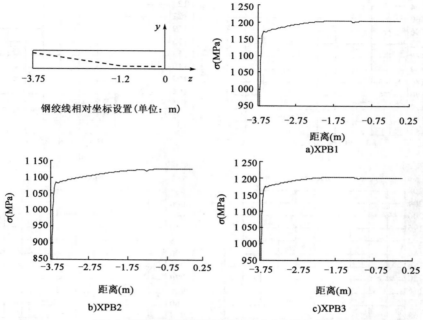

图7.2　折线先张梁沿梁纵向预应力分布有限元分析

从图7.2中可以看出：3根折线先张试验梁的预应力沿纵向分布基本一致,预应力由钢绞线两端向中间增加,在梁端部增加很快,并在远离梁端面的一定距离处达到基本稳定状态,在钢绞线弯起处预应力有局部波动。结果表明:先张法预应力混凝土梁预应力筋预压应力的传递需要经过一个自锚区(即传递长度),才能达到稳定的有效预压应力,即预应力的传递需要一定的长度,符合预应力混凝土基本原理,钢绞线弯起处预应力有局部波动也符合实际情况。其进一步验证了预应力筋通过弯起器处,摩擦损失不可忽略。通过有限元提供的时间历程后处理器,提取了4根试验梁跨中位置钢绞线预应力时随变化图,如图7.3所示。

从图7.3中可以看出:试验梁钢绞线预应力时随变化趋势趋于一致,折线先张和曲线后张变化趋势无明显差异。总体趋势表现为:钢绞线应力在放张或张拉前期减少较快,随着持荷时间的增长逐步趋于缓慢,并在持荷时间达到300d时基本趋于收敛,这主要取决于徐变的时随发展特征即加载初期徐变发展较快,随时间增长发展速度减慢,并逐步趋于稳定状态。

(2)计算结果对比分析

将有限元计算结果,分别采用的GB 50010—2010、JTG D62—2004对4根试验梁计算的时变应力损失进行对比,如表7.2所示,时程曲线对比如图7.4所示。

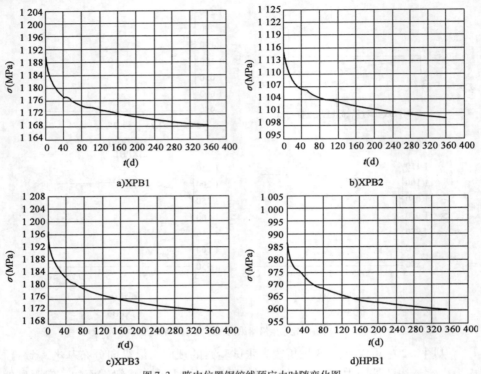

a)XPB1　　　　　　　　　　　　　　b)XPB2

c)XPB3　　　　　　　　　　　　　　d)HPB1

图7.3　跨中位置钢绞线预应力时随变化图

预应力损失有限元计算结果与规范值对比

表7.2

a）XPB1							
持荷时间（d） 计算标准（MPa）	10	20	30	40	60	90	180	360
有限元计算值	20.9	23.69	25.36	26.84	27.95	30.1	32.6	35.66
GB 50010—2010	14.45	16.20	17.51	18.83	21.89	26.27	32.84	37.21
JTG D62—2004	17.86	21.88	24.59	26.68	29.86	33.28	39.50	45.71

b）XPB2							
持荷时间（d） 计算标准（MPa）	10	20	30	40	60	90	180	360
有限元计算值	19.11	21.17	22.41	23.51	24.33	25.92	27.74	30.04
GB 50010—2010	13.30	14.91	16.12	17.33	20.15	24.18	30.23	34.26
JTG D62—2004	23.51	28.77	32.31	35.02	39.11	43.47	51.26	58.76

续上表

c) XPB3

持荷时间(d)　计算标准(MPa)	10	20	30	40	60	90	180	360
有限元计算值	20.06	23.73	25.24	26.96	28.41	30.72	34.34	37.48
GB 50010—2010	14.19	15.91	17.20	18.49	21.50	25.80	32.25	36.55
JTG D62—2004	17.62	21.58	24.26	26.32	29.46	32.83	38.97	45.09

d) HPB1

持荷时间(d)　计算标准(MPa)	10	20	30	40	60	90	180	360
有限元计算值	35.73	38.51	39.72	42.01	45.07	47.14	52.73	55.25
GB 50010—2010	12.79	14.34	15.50	16.67	19.38	23.26	29.07	32.95
JTG D62—2004	22.55	27.60	30.99	33.59	37.52	41.70	49.17	56.36

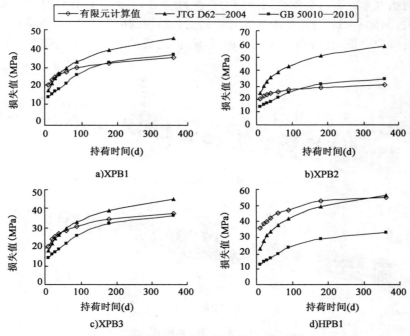

图 7.4　试验梁预应力损失有限元与规范计算值对比

由表 7.2 及图 7.4 可以看出:有限元计算值、GB 50010—2010 计算值、JTG D62—2004计算值存在一定差异。对于先张梁,在加载前期有限元分析结

175

果与 JTG D62—2004 计算值比较接近,200d 后与 GB 50010—2010 计算值吻合较好;而后张梁大体与 JTG D62—2004 计算值保持一致。因此,对折线先张梁徐变引起的预应力损失计算,采用有限元分析计算结果较好,偏安全也可采用 JTG D62—2004 规范进行计算。

7.2 折线先张梁长期挠度有限元分析

7.2.1 MIDAS 对折线先张梁长期挠度求解实现及存在的问题

分析对象为第 2 章中进行长期徐变试验的 3 根折线先张梁和 1 根抛物线后张梁 HPB1,该梁采用 MIDAS/CIVIL 建立的有限元模型如图 7.5 所示。全梁共建立 51 个节点,划分 50 个梁单元,每个单元长度为 0.15m。简支梁三分点对称加载分别为 34kN、41kN、38kN 和 41kN。需要注意,由于 MIDAS/CIVIL 程序中尚无对折线形配束弯起器处的预应力损失计算公式,无法自行计算第一批预应力损失,因此本书在分析 3 根折线先张梁的张拉控制应力输入时,直接输入扣除第一批预应力损失(分析时采用试验监测值)之后的有效预应力作为张拉控制应力。

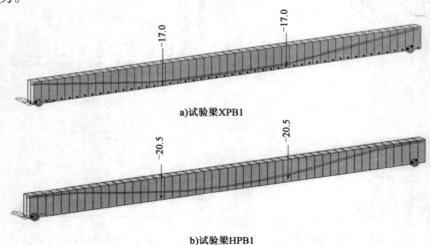

a)试验梁XPB1

b)试验梁HPB1

图 7.5　有限元模型图

MIDAS 软件模拟梁的施工、加载及长期变形过程,共划分 3 个施工阶段,其中长期作用阶段考虑加载后 10 年内 17 个代表性时间点(分别为加载后 1d、2d、

176

3d、4d、5d、6d、7d、15d、30d、60d、90d、180d、1 年、2 年、3 年、5 年、10 年)。XPB1 和 XPB3 为室内环境,环境相对湿度 80%;XPB3 和 HPB1 为室外环境,环境相对湿度 50%(详见第 2 章 2.5.3 节)。时间依存材料特性定义,计算时分别采用软件中自带的我国 JTG D62—2004 的模式和自定义徐变系数模式。自定义时间依存材料特性时,采用本书试验拟合的徐变系数公式计算徐变系数,将其作为自定义徐变系数输入,收缩应变按规范 JTG D 62—2004 中的公式进行计算,徐变系数公式和收缩应变计算公式如表 7.3 所示。

自定义收缩和徐变公式 表 7.3

梁号	徐变系数公式	收缩应变公式
XPB1	$\varphi_c(t,t_0) = 1.52 \times \dfrac{(t-t_0)^{0.6}}{8+(t-t_0)^{0.6}}$	$\varepsilon(t,t_0) = 0.31 \times 10^{-3} \times \left[\left(\dfrac{t-7}{615+t} \right)^{0.5} - 0.184 \right]$
XPB2	$\varphi_c(t,t_0) = 2.35 \times \dfrac{(t-t_0)^{0.6}}{8+(t-t_0)^{0.6}}$	$\varepsilon(t,t_0) = 0.529 \times 10^{-3} \times \left[\left(\dfrac{t-7}{615+t} \right)^{0.5} - 0.184 \right]$
XPB3	$\varphi_c(t,t_0) = 1.78 \times \dfrac{(t-t_0)^{0.6}}{8+(t-t_0)^{0.6}}$	$\varepsilon(t,t_0) = 0.31 \times 10^{-3} \times \left[\left(\dfrac{t-7}{615+t} \right)^{0.5} - 0.184 \right]$

为了进一步分析长期挠度及其影响因素的目的,计算时分两种组合情况进行分析:

组合一:考虑混凝土收缩徐变效应及各项预应力损失引起的长期挠度增量。

组合二:仅考虑混凝土收缩徐变引起的挠度增量,不考虑收缩徐变及松弛引起的预应力损失所引起的挠度增量。

通过用不同徐变系数模式计算出折线先张梁的长期挠度值,并与试验实测值进行对比,分析采用 MIDAS 软件计算折线先张梁长期挠度存在的问题及改进措施。通过对折线先张梁在组合一的情况下进行分析,获取预应力松弛、收缩及其引起的预应力损失、徐变及其引起的预应力损失对折线先张梁长期挠度增量贡献。对比组合一和组合二,获取时变应力及其与收缩徐变耦合对预应力混凝土梁长期挠度的影响规律。

7.2.2 不同徐变系数模式下折线先张梁长期挠度计算分析

对 3 根折线先张梁 XPB1、XPB2、XPB3 进行分析时,第一种情况是采用我国规范 JTG D62—2004 中的徐变系数模式,第二种情况是分别采用自定义徐变系数。将折线先张试验梁在上述两种情况下计算的长期挠度值与试验实测值进行对比,如图 7.6 所示。

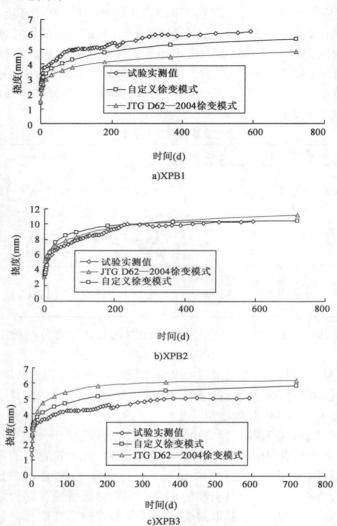

a)XPB1

b)XPB2

c)XPB3

图 7.6 不同徐变计算模式下试验梁长期挠度值与实测值对比

从图 7.6 中看出,试验梁长期挠度实测值与两种徐变模式下的有限元计算值均存在差异。对 XPB1 梁,试验实测值较有限元计算值偏大,但不同徐变系数模式计算结果尚存在差异,采用自定义徐变系数模式较采用规范 JTG D62—2004 的计算结果与实测值更为接近。对 XPB2 梁,持荷前期,试验实测值较采用自定义徐变系数计算值及采用规范的计算结果小,而随着持荷时间增加,采用规范徐变系数模式有限元计算结果较试验实测值大,但自定义徐变系数模式计算结果与试验实测值基本一致。对 XPB3 梁,采用两种徐变系数模式的计算结果均较试验实测值大,但自定义徐变系数模式的计算结果与试验实测值更为接近。

上述分析表明,采用 MIDAS 软件对预应力混凝土梁长期挠度计算分析时,徐变系数模式的选取对计算结果影响较大。但采用自定义徐变系数计算模式,3根折线先张梁长期挠度计算结果均较采用规范 JTG D62—2004 中的徐变系数模式计算结果更为接近,且对 XPB2 梁,除了持荷前期外,采用自定义徐变系数计算模式计算结果与试验实测值基本吻合。考虑到 XPB2 试验环境情况,可以推证,对折线先张梁,采用本书第 3 章中根据试验结果确定的徐变系数模式时,运用有限元法计算长期挠度较 JTG D62—2004 更为可行。

7.3 时变应力及其与收缩徐变耦合对梁长期挠度的影响

对预应力混凝土梁,时变应力即为对预应力损失组合分析时的第二批损失,由收缩徐变引起的预应力损失、预应力筋松弛损失两部分组成。科研工作者对桥梁长期挠度超过预期值的原因调查分析表明,预应力长期损失是造成长期挠度增加的主要因素之一。实际上,时变应力发展过程中,与混凝土徐变的耦合效应亦不可忽略。本部分采用自定义徐变系数模式,运用 MIDAS 软件对 3 根折线先张梁进行了分析,旨在探寻时变应力及其与收缩徐变耦合对预应力梁长期挠度的影响规律。具体分为两种组合情况,如表 7.4 所示,两种组合对 3 根折线先张梁计算结果如图 7.7 所示,代表性时刻挠度差值分析如表 7.5 所示。

不同组合考虑的因素 表7.4

	松弛	徐变	徐变引起的预应力损失	收缩	收缩引起的预应力损失
组合1	√	√	√	√	√
组合2	—	√	—	√	

时变应力及与收缩徐变耦合引起挠度值分析 表7.5

a) XPB1

代表性时刻	1d	30d	90d	365d	1 080d	3 650d
组合一(mm)	2.27	3.69	4.29	5.3	5.93	6.46
组合二(mm)	2.12	3.43	3.95	4.8	5.32	5.77
差值百分比(%)	6.7	6.9	8	9.4	10.3	10.8

b)XPB2						
代表性时刻	1d	30d	90d	365d	1080d	3650d
组合一(mm)	4.64	7.17	8.42	10.4	11.66	12.65
组合二(mm)	4.44	6.74	7.89	9.6	10.69	11.57
差值百分比(%)	4.2	5.9	6.3	7.3	8.3	8.5

c)XPB23						
代表性时刻	1d	30d	90d	365d	1080d	3650d
组合一(mm)	2.59	4.1	4.68	5.5	6.04	6.47
组合二(mm)	2.44	3.85	4.34	5.0	5.43	5.76
差值百分比(%)	5.8	6.1	7.2	9.0	10.2	11

由图 7.7 可知,仅考虑收缩徐变效应时 3 根梁的长期挠度,均小于考虑收缩徐变及其引起的预应力损失及预应力松弛损失共同引起的长期挠度,这在理论上是正确的。对此可进行简单化处理,两种组合下长期挠度差值即可认定为由时变应力及其与收缩徐变耦合所产生的长期挠度值,表 7.5 反映出上述两种组合所引起的挠度差值。

从表 7.5 中看出,随着持荷时间增加,时变应力及其与收缩徐变耦合效应产生的挠度增量逐步增加,至加载 10 年时,XPB1、XPB2、XPB3 梁由时变应力及其与收缩徐变耦合产生挠度分别占总挠度比值的 10.8%、8.5%、11%。因此可以推证,对预应力混凝土梁,时变应力及其与收缩徐变耦合效应引起的挠度增量占长期挠度增量的 10% 左右,即长期挠度是收缩徐变引起挠度的1.1倍。

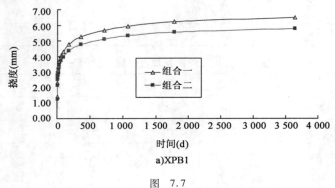

a)XPB1

图 7.7

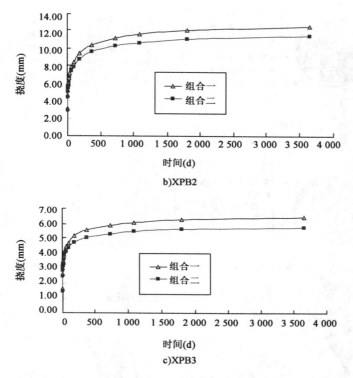

图7.7　时变应力及其与收缩徐变耦合引起挠度值与长期挠度值对比图

7.4　折线先张梁长期挠度构成分析

采用 MIDAS 软件对预应力混凝土梁长期挠度计算分析时,可分别获取加载瞬时的预应力及二次加载、预应力束松弛、收缩、收缩引起的预应力损失、徐变、徐变引起的预应力损失等因素引起长期挠度增量。本部分选取 XPB2 为分析对象,分析折线先张梁长期挠度组成及长期挠度增量的构成,分别如图 7.8 和图7.9 所示。

从图 7.8 和图 7.9 中看出,随着持荷时间增加,尽管加载瞬时的预应力及二次荷载所产生的挠度不变,但由于预应力松弛、收缩及其引起的预应力损失、徐变及其引起的预应力损失引起的挠度增量持续增加,上述各因素引起挠度增量比值亦在发生变化。至加载 3 年时,徐变及其引起的预应力损失占长期挠度的64%,占长期挠度增量的 91%;收缩及其损失与松弛损失引起的挠度增量分别

181

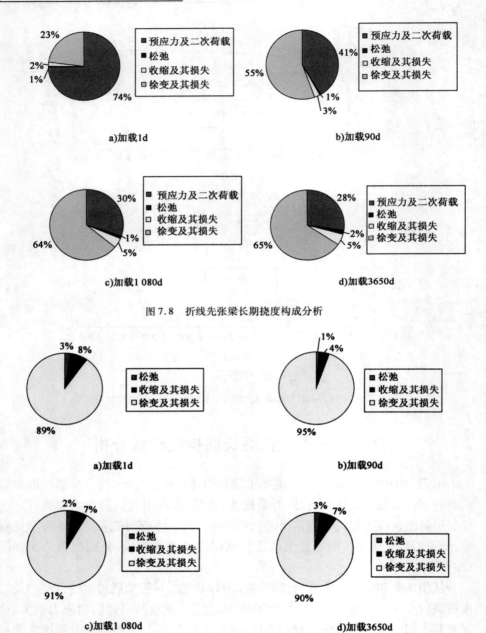

图 7.8 折线先张梁长期挠度构成分析

图 7.9 折线先张梁长期挠度增量构成分析

占长期挠度的 5% 和 1%，占长期挠度增量的 7% 和 2%。至加载 10 年时，徐变及其引起的预应力损失占长期挠度的比值稍有增加，为 65%，而其余两项分别为 5% 和 2%；占长期挠度增量的 90%、7%、3%。表明至加载 3 年时，长期挠度增量及其构成基本稳定，至加载 10 年时挠度构成变化不大。

从图 7.9 中看出，对分析对象梁 XPB2，加载 90d、1080d、3650d 三个代表性时刻，收缩及其引起的预应力损失产生的挠度与徐变及其引起的预应力损失产生的挠度的比值分别是 4%、7.7%、7.8%。另外，其余 XPB1、XPB3 梁亦表现出同样规律，加载 90d、1080d、3650d 三个代表性时刻，两项参数的比值分别是 5.4%、6.7%、8.8% 与 4.5%、8.1%、8.7%。这表明收缩及其引起预应力损失产生的挠度与徐变及其引起预应力损失产生挠度的比值随着时间增加而增加，且该比值加载 3 年后基本趋于稳定。

8 折线先张梁长期挠度计算模式

8.1 钢筋混凝土梁长期挠度计算方法

钢筋混凝土梁在长期荷载作用下,挠度将随时间增长而增加,这与混凝土强度、弹性模量、收缩、徐变等时随特性有关;同时亦与结构刚度退化等因素有关,如在服役期间混凝土的新裂缝不断形成、早期裂缝宽度持续扩大等。对预应力混凝土桥梁,预应力钢束松弛损失也会引起挠度增加,日照、温差效应及车辆运行时非规则的反复荷载作用等因素亦对长期挠度有一定程度的影响。但造成长期挠度增量的主要因素是混凝土的收缩和徐变,凡是影响混凝土收缩和徐变的因素都将使梁的抗弯刚度降低,挠度增大。钢筋混凝土梁长期挠度的计算方法通常可分为两大类:刚度修正法和长期挠度修正系数法[94]。

8.1.1 长期挠度增量的构成

1)混凝土收缩引起的挠度增量

(1)钢筋混凝土梁收缩挠度机理

收缩是指混凝土在空气中凝结硬化时体积变小的现象。

在无约束条件下,收缩使混凝土构件缩短,受钢筋阻止后,混凝土受拉应力而钢筋受压应力,两者相互平衡。当钢筋对称布置时,如混凝土截面对称且混凝土均匀收缩,梁截面曲率不发生变化,即收缩不引起挠度改变。但在钢筋混凝土梁类受弯构件中,截面的拉、压区域的钢筋往往不是对称布置,且由于钢筋对混凝土收缩的约束,钢筋配置多的一侧收缩少,配置少的一侧收缩大,于是就引起截面曲率的改变而引起挠度增量。钢筋混凝土梁因收缩应变引起梁横截面曲率改变的几何模型如图 8.1 所示。

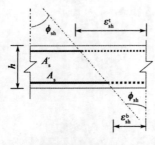

图 8.1 钢筋混凝土梁收缩曲率

由图 8.1 知,收缩曲率 ϕ_{sh} 为:

184

$$\phi_{sh} = \frac{\varepsilon_{sh}^{t} - \varepsilon_{ssh}}{h_0} = \frac{\varepsilon_{sh}^{t}}{h_0}\left(1 - \frac{\varepsilon_{ssh}}{\varepsilon_{sh}^{t}}\right) \tag{8.1}$$

式中：ε_{sh}^{t}——梁上边缘混凝土的自由收缩应变；

$\quad\quad \varepsilon_{ssh}$——钢筋的收缩应变；

$\quad\quad h_0$——梁截面的有效高度。

对使用过程中未开裂的预应力梁,收缩曲率 ϕ_{sh} 为：

$$\phi_{sh} = \frac{\varepsilon_{sh}^{t} - \varepsilon_{sh}^{b}}{h} = \frac{\varepsilon_{sh}^{t}}{h}\left(1 - \frac{\varepsilon_{sh}^{b}}{\varepsilon_{sh}^{t}}\right) \tag{8.2}$$

式中：ε_{sh}^{b}——梁下边缘混凝土自由收缩应变；

$\quad\quad h$——梁截面高度。

Branson 教授提出下列公式计算收缩曲率 ϕ_{sh} [88]：

当 $\rho - \rho' \leqslant 0.03$ 时：

$$\phi_{sh} = 0.7\frac{\varepsilon_{sh}}{h}[100 \times (\rho - \rho')]^{\frac{1}{3}}\left(\frac{\rho - \rho'}{\rho}\right)^{\frac{1}{2}} \tag{8.3}$$

当 $\rho - \rho' > 0.03$ 时：

$$\phi_{sh} = \frac{\varepsilon_{sh}}{h} \tag{8.4}$$

式中：ρ、ρ'——受拉、受压区钢筋配筋率。

若收缩曲率与荷载引起曲率方向相同,则收缩会使构件挠度增大。通过调整截面的配筋率可调整收缩曲率,如增大受压区的配筋率,使其配筋量和受拉区接近,则会降低收缩曲率,进而降低收缩挠度。混凝土收缩多发生在早龄期,对施加荷载时混凝土龄期较晚的预应力构件,收缩挠度占长期挠度增量值的比例较小。

（2）预计混凝土收缩应变的数学表达式

与混凝土徐变应变数学表达式一样,混凝土收缩应变亦可表达为收缩应变终值与时间函数的乘积：

$$\varepsilon_{sh}(t,t_0) = \varepsilon_{sh,\infty}f_{(t,t_0)} \tag{8.5}$$

$\varepsilon_{sh,\infty}$ 表示收缩应变终值。不同规范对混凝土收缩应变终值的计算采用方法不尽相同,如 CEB—FIP《钢筋混凝土与预应力混凝土使用设计建议》中相关条款,即是根据环境条件、构件尺寸等查表即可;美国 ACI209 委员会（1992 版）建议将收缩应变终值表示为标准状态下收缩应变终值（780×10^{-6}）与 7 个偏离标准状态的校正系数的乘积;英国桥梁规范 BS5400 第四部分（1984 年版）指出,收缩应变终值等于三个系数的乘积,这三个系数分别取决于环境湿度、混凝土成分和构件厚度的系数。

$f_{(t,t_0)}$ 表示收缩应变发展进程的时间函数,即从开始干燥或拆模时龄期 t_0 至龄期 t 所完成收缩应变对 $\varepsilon_{sh,\infty}$ 的比值,当 $t = t_0$ 时,$f_{(t,t_0)} = 0$,当 t 趋近于无穷大式,$f_{(t,t_0)} = 1.0$。$f_{(t,t_0)}$ 的表达式与徐变系数时间函数表达式一样,主要有以下几类:

①双曲线函数表达式,即 $f_{(t,t_0)} = \dfrac{t - t_0}{A + (t - t_0)}$,美国 ACI209 委员会的建议即采用这种表达式,其中系数 A 由养护条件决定。

②平方根双曲线函数,即 $f_{(t,t_0)} = \sqrt{\dfrac{t - t_0}{A + (t - t_0)}}$,1978 年 Bazant 教授提出的 BP 模式中收缩应变的时间函数即采用以上形式,其中常数 A 根据构件的形状、有效厚度及干燥龄期等因素而定。

③指数函数表达式,即 $f_{(t,t_0)} = 1 - e^{-\beta(t - t_0)}$。

我国 JTG D62—2004 规范中,对于混凝土收缩应变建议按如下公式计算:

$$\varepsilon_{cs}(t, t_s) = \varepsilon_{cs0}\beta_s(t - t_s) \tag{8.6}$$

式中:　　t_s——收缩开始时的混凝土龄期(d),可假定为 3~7d;

　　　　　t——计算时刻的混凝土龄期(d);

$\varepsilon_{cs}(t, t_s)$——收缩开始时的龄期为 t_s,计算考虑的龄期为 t 时的收缩应变;

　　　ε_{cs0}——名义收缩系数,具体可参考该规范附录 F1.1-2 公式计算;

　　　　β_s——收缩随时间发展的系数,

$$\beta_s(t - t_s) = \left[\frac{(t - t_s)/t_1}{350(h/h_0)^2 + (t - t_s)/t_1}\right]^{0.5};$$

　　　h——构件理论厚度(mm),$h = 2A/u$,A 为构件横截面面积(mm),u 为构件与大气接触的周边边长;$h_0 = 100$mm。

因此,结合图 8.1 可知,准确的收缩应变值对收缩挠度值计算很关键,但收缩应变受混凝土材料组成、环境条件及构件的含钢率特征等因素影响较大。对比不同的收缩应变计算模式对试验梁的计算结果发现:不同计算模式对同一构件的计算误差高达 50%[135-137]。因此,收缩应变引起的挠度不易准确确定,单独考虑的收缩引起的挠度增量精度不高,许多文献或规范都是将收缩与徐变引起的挠度共同考虑[67,68,138,139]。

2)徐变挠度

对钢筋混凝土梁,受压边缘处混凝土徐变应变随时间的增加而增加。在构件开裂前,受拉区的钢筋与混凝土变形协调,受拉区混凝土应变增加较少,徐变引起应力重分布使中和轴移动,引起截面的曲率改变而产生的挠度称为徐变挠度。

研究表明,除了影响混凝土徐变的诸因素会对预应力梁徐变挠度产生影响外,尚有其他因素会对预应力梁徐变挠度产生不同程度的影响,如预应力度、纵向非预应力筋配筋率、截面的几何性质、梁两端约束状况等。徐变挠度是长期挠度的主要组成部分,可占长期挠度增量的 90% 以上[47],因此,徐变挠度计算的精确程度对长期挠度预估准确性影响特别大。在本书第 4 章,采用解析法对预应力混凝土梁徐变应变几何模型进行推证,建立了徐变挠度 f_c 与徐变应变系数 $\varphi_c(t,t_0)$ 间的数值关系表达式:

$$f_c = k\varphi_c(t,t_0)f_1$$

式中:f_1 ——加载瞬时的弹性挠度值;

k ——在徐变系数确定的情况下,受预压应力 N_p、预应力产生的弯矩值 M_p、预应力度 λ、构件的截面面积 A_0 及构件抗弯截面模量 W 等因素影响的综合性系数,即:

$$k = \frac{\dfrac{N_p}{A_0}\left(1 + \dfrac{1}{\lambda}\right) + \dfrac{M_p}{W}\left(\dfrac{1}{\lambda} - 1\right)}{\dfrac{N_p}{A_0}\dfrac{2}{\lambda} + \dfrac{2M_p}{W}\left(\dfrac{1}{\lambda} - 1\right)}$$

3)时变应力及刚度退化等引起的挠度

文献[47]中,采用 JTG D62—2004 徐变系数模式的计算结果表明,预应力筋松弛损失、收缩徐变引起的预应力损失对预应力混凝土梁长期挠度均有贡献,表明时变应力损失及其与收缩徐变的耦合效应引起的挠度增量占总长期挠度增量的 8% 以上,而且随着时间延长,比值还会进一步增加。

工程实践中,诸多大跨径预应力混凝土桥梁,如国内的三门峡黄河公路大桥、广东虎门大桥辅航道桥、黄石长江大桥等,在运营期间都出现了跨中挠度增加过大的问题,且在持续下挠过程中伴随出现大量斜裂缝及垂直裂缝,导致梁体抗弯刚度退化,并和长期挠度增量诸多因素相互耦合而使挠度增量不收敛。此外,部分研究表明,日照及温度效应与混凝土徐变相互影响,且两者间有耦合效应,进而对桥梁长期挠度产生的影响亦不容忽视。桥梁结构在车辆反复行驶造成非规则周期荷载作用下,对其长期挠度增量亦有影响。但影响规律在目前桥梁长期挠度研究中尚属空白。

8.1.2 长期挠度的计算方法

1)刚度修正法

长期荷载作用下,混凝土梁的刚度随着时间增长而降低。刚度修正法就是通过对梁短期刚度修正折减后,按结构力学的方法计算长期挠度值。根据对引起梁刚度降低原因的认识,刚度修正法又可分为长期荷载作用下弯矩效应引起的刚度降低和混凝土基本力学指标的时随性能引起的刚度改变两类。

(1)长期荷载的弯矩效应会使构件抗弯刚度降低

设长期荷载效应组合为 M_l,短期荷载效应组合为 M_s,长期荷载效应组合对挠度的增大系数为 θ,则按结构力学的方法,受弯构件的总挠度为:

$$f = S \frac{M_s - M_l}{B} l^2 + S \frac{M_l}{B} l^2 \theta \tag{8.7}$$

式中:S——与梁两端约束条件有关的计算系数,如对简支梁,S 可取 5/48;

　　B——短期刚度,我国规范 GB 50010—2002 中规定,对要求不出现裂缝的构件,$B = 0.85EI_0$;对全预应力混凝土和 A 类预应力混凝土构件(见本书第 4 章),$B = 0.95EI_0$,其中 I_0 为全截面换算截面惯性矩。

上式若仅采用长期刚度 B_l 表示,则有:

$$f = S \frac{M_s}{B_l} l^2 \tag{8.8}$$

当荷载作用形式相同时,使式(8.7)和式(8.8)相等,即可得长期刚度 B_l 的计算式:

$$B_l = \frac{M_s}{M_l(\theta - 1) + M_s} B \tag{8.9}$$

对于公路桥梁,恒载和活载作用的弯矩效应为:

$$M = M_g + \varphi M_p \tag{8.10}$$

式中:M_g——恒载弯矩;

　　M_p——活载弯矩;

　　φ——系数,对于 M_l 取 0.4(准永久值系数),对于 M_s 取 0.7(频遇值系数)。

对于式(8.9)中 θ 的取值,GB 50010—2010 建议按照拉、压区的配筋率 $\rho = A_s/bh$ 及 $\rho' = A_s'/bh_0$ 取值,即当 $\rho' = 0$ 时,$\theta = 2.0$;当 $\rho' = \rho$ 时,$\theta = 1.6$;当 ρ' 为中间数值时,θ 按直线内插,$\theta = 2.0 - 0.4\rho'/\rho$。对于干燥地区,翼缘位于受拉区的 T 形梁,$\theta$ 值应按规定增加[67]。

(2)混凝土弹性模量的时间依存性引起抗弯刚度改变

根据混凝土材料的时间依存性特征,可将弹性模量看成是时间 t 的函数,混凝土的弹性模量随着时间延长而降低,进而使构件抗弯刚度降低、挠度增加。这种方法是由美国康奈尔大学的 Geroge Winters 教授提出的[94]。

$$E_{ct} = \frac{1}{\varepsilon_e + \varepsilon_{cs}} \tag{8.11}$$

式中：ε_e——单位应力下混凝土的弹性应变；

ε_{cs}——单位应力下的混凝土收缩、徐变应变，是时间 t（以月计）的函数，可按经验公式计算：

$$\varepsilon_{cs} = yct^{\frac{1}{3}} \tag{8.12}$$

式中，$c = \dfrac{0.93}{2.5\sqrt{t_0}}t_0$，$t_0$ 为混凝土加载龄期（月）；y 是与时间有关的系数。

所以，长期荷载作用下混凝土的弹性模量为：

$$E_{ct} = \frac{E_c}{\sigma + E_c yct^{\frac{1}{3}}} \tag{8.13}$$

刚度 $E_{ct}I_0$ 可反映刚度的时随特征，而后按结构力学的方法可求出长期挠度。美国康奈尔大学的 Geroge Winters 教授用 61 根小梁试验做了验证，误差不超过 $\pm 20\%$。

2）挠度修正法

挠度修正法是指对短期挠度乘上增大的修正系数来计算长期挠度的方法，可用下式表示：

$$f_l = (1 + \eta)f_e + f_p \tag{8.14}$$

式中：f_l——长期总挠度；

f_e——短期挠度；

f_p——构件在服役期间的活载引起的瞬时挠度；

$1 + \eta$——修正系数。国外研究表明，$1 + \eta$ 值在 1.3～2.0 之间，对于仅考虑受拉钢筋的公路桥梁来说，取 $1 + \eta = 2$ 是合理的[68]。我国 JTG D62—2004 中建议，当采用 C40 以下混凝土时，挠度修正系数值 $\eta = 1.6$；当采用 C40～C80 混凝土时，$\eta = 1.45～1.35$，中间强度可按直线内插法取用。

长期挠度修正系数的另一种方法是按混凝土收缩、徐变理论，直接计算由其产生的挠度，将总挠度表示为：

$$f_l = (1 + k_r)f_e \tag{8.15}$$

其中，k_r 为考虑混凝土徐变和收缩的综合影响系数。我国 JTG D62—2004 中，对预应力受弯构件施工阶段验算时，k_r 表现为徐变系数。实际上，徐变系数与长期挠度系数并不等同，因此采用徐变系数作为长期挠度增大系数是不妥当的。

工程应用中，对于比较重要的构件，在荷载状况、材料情况等均已知的情况下进行挠度验算时，可采用刚度修正法。采用长期荷载效应使弯曲刚度降低的计算方法较复杂，对长期荷载作用系数 θ 值的选取存在较大误差，不够准确。采用根据混凝土龄期调整弹性模量的方法计算长期挠度较为可行,但当前工程实践中,新型混凝土在工程中广泛应用,其弹性模量时随特征并未有准确的计算模式,且弹性模量也不是影响刚度的唯一因素。挠度修正系数法计算精度取决于考虑因素的多少,当考虑因素较少时,长期挠度的计算过于粗略。

8.1.3　预应力混凝土梁长期挠度计算时存在的问题

当前预应力混凝土梁长期挠度计算方法较多且不统一,工程应用中存在较多问题。主要表现在三个方面:

(1)长期挠度计算公式中考虑的影响因素过少,计算值过于粗略

现有长期挠度计算模式多为简化计算,大多模式只考虑了加载龄期或荷载持续时间因素,或只简单考虑一个荷载长期作用的影响系数。许多影响长期挠度的变量被略去,特别是没有考虑长期荷载作用下与挠度有关的诸如环境相对湿度、荷载期龄、构件体表比等重要因素[144]。这对以徐变挠度为主的混凝土梁而言,长期挠度计算过于粗略,误差较大。

(2)引用长期挠度计算模式时未能区分预应力梁与普通钢筋混凝土梁

由第4章研究可知,钢筋混凝土梁的预应力水平对其徐变挠度系数与徐变系数数值关系影响较大。现有的多种长期挠度计算模式,是在徐变系数已知的情况下来计算长期挠度,如不考虑预应力度值这一因素,则对预应力梁长期挠度计算的误差较大。

(3)钢筋混凝土梁长期变形的表征参数未能清晰区分

对钢筋混凝土梁长期挠度的计算,许多文献没有区分徐变系数、徐变挠度系数和长期挠度系数三个表征梁长期变形的特征参数,实际上这三个概念并非等同,而且试验结果和有限元分析均表明,三个系数间存在较大差异。

8.2　预应力混凝土梁长期变形表征参数

在第3章3.1节,详细阐述了几个表征预应力混凝土梁长期变形参数的定义及其表达式,如跨中截面徐变(挠曲应变)系数、徐变挠度系数、徐变曲率系数以及长期挠度系数等。但目前关于预应力混凝土梁进行长期变形研究的文献中,对徐变系数定义并不统一。诸多研究均是对钢筋混凝土梁或预应力混凝土梁进行长期加载试验,有的是将跨中截面上边缘应变增量与弹性应变比值作为徐变系数的定义,有些是将跨中截面长期挠度增量与弹性应变的比值定义为徐变系数等[140-144],这一系列的概念混淆造成桥梁长期挠度结果估算的混乱:一

是造成对预应力混凝土梁长期变形构成、成因认识不清;二是直接导致在进行预应力混凝土徐变效应预估或计算时出现较大误差。

本节将结合 4 根试验梁的试验成果,并结合其他学者相关研究,对预应力混凝土梁的长期挠度系数、徐变(挠曲应变)系数、徐变挠度系数的定义及其间数值关系详细论述,以用于对预应力混凝土梁长期变形效应分析时选用。

8.2.1　长期挠度系数与徐变系数间差异性分析

（1）钢筋混凝土梁

在文献［145］中,对试件尺寸 $120mm \times 210mm \times 1800mm$ 的混凝土小梁进行了长期变形研究,试验梁截面 4 个角点对称配筋,上下层均为 $2\phi8$,箍筋 $\phi6@200$,上下层钢筋间距 160mm。混凝土强度分别采用 C50、C30,梁对应编号分别为 KC50、FC30。

试件在试验室成型后带模板养护 7d 拆模,28d 龄期加载,加载前一天安装就位,并安装测量仪表,两根梁均未施加预应力。单压条件下混凝土徐变系数计算值、长期挠度挠度系数(作者注:文献原文中标注为徐变挠度系数,实际上为长期挠度系数)与试验梁混凝土弯曲徐变系数如表 8.1 所示,三系数时程曲线对比图形如图 8.2 所示。

文献［145］中试验梁徐变变形系数间数值关系　　　　表 8.1

持荷时间（d）	KC50			FC30		
	混凝土轴压徐变系数（计算）	梁弯曲徐变系数（试验）	梁长期挠度系数（试验）	混凝土轴压徐变系数（计算）	梁弯曲徐变系数（试验）	梁长期挠度系数（试验）
2	0.22	—	0.20	0.26	—	0.26
5	0.32	—	0.31	0.36	—	0.38
10	0.43	—	0.46	0.48	—	0.47
15	0.51	—	0.48	0.57	—	0.53
20	0.57	—	0.53	0.64	—	0.58
30	0.66	—	0.63	0.74	—	0.67
40	0.74	0.74	0.70	0.80	0.79	0.74
80	0.98	1.04	0.98	0.94	0.94	0.89
120	1.16	1.20	1.12	1.02	1.05	0.98
240	1.47	1.47	1.37	1.21	1.23	1.15
360	1.61	1.60	1.48	1.34	1.34	1.25

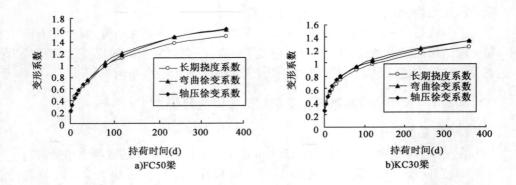

图 8.2　文献[145]试验梁长期挠度系数与徐变系数对比

从表 8.1 中看出,对于普通钢筋混凝土梁,试验梁的挠曲徐变系数与其所用的混凝土单向轴压徐变系数比较接近,但不等同,这与构件挠曲状态下存在应变梯度有关。本书第 6 章,采用有限单元法分析了应变梯度对梁长期变形的影响情况,但应变梯度对混凝土徐变的影响规律,尚待进一步试验研究。

从图 8.2 中可看出,对于普通钢筋混凝土梁,其预应力度为 0,徐变挠度系数小于徐变挠曲系数,在工程实践中将梁的两个系数等同为同一概念是不正确的,同时亦进一步验证了文献[83]中关于预应力度对梁徐变挠度系数与徐变挠曲系数影响论述的正确性。

(2)预应力混凝土梁

由第 3 章知,预应力混凝土梁的长期挠度系数 $\varphi_l(t,t_0)$,是指梁在长期荷载作用下,其挠度增加值 f_l 与加载瞬时弹性挠度 f_1 的比值。预应力混凝土梁徐变系数 $\varphi_c(t,t_0)$,是指梁控制截面上(或下)边缘在持续荷载作用下的弯曲应变徐变值 ε_{cr} 与加载瞬时弹性弯曲应变 ε_1 的比值。

研究表明,预应力混凝土梁截面上、下边缘的应力状态对长期挠度系数与徐变应变系数的数值关系影响较大[83,99]。解析法及有限元法分析均表明,预应力度对预应力混凝土梁的长期挠度系数与徐变应变系数数值关系也有较大的影响[94,95]。对 4 片试验梁进行了长约 600d 的观测,对比分析了 XPB1、XPB2、XPB3、HPB1 的长期挠度系数与徐变应变系数的数值关系,如图 8.3 所示。并选取 1d、8d、61d、180d、593d 几个代表性时刻点,试验梁两种系数试验值进行对比,结果如表 8.2 所示。

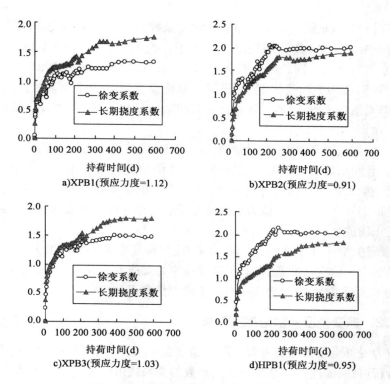

a)XPB1(预应力度=1.12)

b)XPB2(预应力度=0.91)

c)XPB3(预应力度=1.03)

d)HPB1(预应力度=0.95)

图8.3 试验梁徐变系数与长期挠度系数时程曲线

试验梁 $\varphi_l(t,t_0)$ 与 $\varphi_c(t,t_0)$ 在代表性时刻点试验值　　表8.2

梁编号	变形系数	1d	8d	61d	180d	593d
XPB1	① $\varphi_l(t,t_0)$	0.26	0.67	1.09	1.30	1.75
	② $\varphi_c(t,t_0)$	0.14	0.46	0.70	1.05	1.33
	①/②	1.86	1.46	1.56	1.24	1.32
XPB2	① $\varphi_l(t,t_0)$	0.16	0.53	0.87	1.57	1.90
	② $\varphi_c(t,t_0)$	0.11	0.91	1.20	1.90	2.02
	①/②	1.45	0.58	0.73	0.83	0.94
XPB3	① $\varphi_l(t,t_0)$	0.38	0.79	1.25	1.43	1.81
	② $\varphi_c(t,t_0)$	0.23	0.60	1.09	1.24	1.48
	①/②	1.65	1.32	1.15	1.15	1.22
HPB1	① $\varphi_l(t,t_0)$	0.21	0.67	1.03	1.45	1.82
	② $\varphi_c(t,t_0)$	0.19	0.65	1.34	1.89	2.06
	①/②	1.11	1.03	0.77	0.77	0.88

由表 8.2 和图 8.3 中看出，试验梁 XPB1、XPB3，其预应力度分别为 1.12、1.03，加载初期，两根梁长期挠度系数与徐变系数差别不大，两系数比值不稳定，但随着持荷时间增加，其长期挠度系数大于徐变系数，至加载 600d 时，XPB1、XPB3 两系数的比值分别趋近于 1.30、1.2 左右。试验梁 XPB2、HPB1，其预应力度分别为 0.91、0.95，加载初期，两根梁长期挠度系数小于徐变系数，且存在明显差异，但两系数比值不稳定；随着持荷时间增加，XPB2、HPB1 的两系数比值分别趋近于 0.88、0.93 左右。

因此，根据试验现象可知：对预应力混凝土梁，其徐变系数与长期挠度系数并不等同，且两系数的数值关系随着预应力度值的变化而变化。结合第 7 章预应力混凝土梁长期挠度构成分析可知，徐变引起的挠度占长期挠度 90% 以上，进一步验证第 4 章中关于预应力度对徐变系数与徐变挠度系数间数值关系影响的表述是正确的。

综上所述，对于 $\lambda \geqslant 1$ 的全预应力梁，应变梯度随着 λ 值的增大而降低，徐变挠度系数大于徐变挠曲系数；对于部分预应力梁或普通混凝土梁，应变梯度随着 λ 值的增大而增大，徐变挠度系数小于徐变挠曲系数。

8.2.2　徐变挠度系数与徐变系数

预应力混凝土梁由徐变因素引起了徐变曲率改变，进而形成徐变挠度。由第 4 章分析可知，徐变曲率系数与徐变系数的关系式可以采用如下表达式，即

$$\varphi_{\mathrm{f}}(t,t_0) = k\varphi_{\mathrm{c}}(t,t_0)$$

其中，$k = \dfrac{\dfrac{N_{\mathrm{p}}}{A_0}\left(1 + \dfrac{1}{\lambda}\right) + \dfrac{M_{\mathrm{p}}}{W}\left(\dfrac{1}{\lambda} - 1\right)}{\dfrac{N_{\mathrm{p}}}{A_0}\dfrac{2}{\lambda} + \dfrac{2M_{\mathrm{p}}}{W}\left(\dfrac{1}{\lambda} - 1\right)}$，是受构件截面因素（包括与构件含钢率有

关的换算截面面积 A_0、与截面形状有关的截面抗弯模量 W）和荷载因素（包括预压力 N_{p}、预应力产生的总弯矩 M_{p} 及预应力度值 λ）综合影响的系数。

该式表明，对全预应力梁，徐变挠度系数大于徐变应变系数，即 $k > 1$；对部分预应力混凝土梁，徐变挠度系数小于徐变应变系数，即 $k < 1$。

在第 6 章中采用有限单元法，一是采用试验获取的预应力混凝土梁徐变系数代入 ANSYS 软件对试验梁进行徐变变形分析，获取试验梁徐变挠度系数；二是对试验梁 XPB1 分析，采用相同徐变系数，在改变预应力度情况下计算分析，获取试验梁在不同预应力度时徐变挠度系数，如图 6.11、图 6.12 所示。两种情况均表明：预应力混凝土梁徐变挠曲系数与徐变挠度系数两者并不等同，其间数

值关系受梁的预应力水平的影响。

徐变挠度系数在工程实践中的意义不大,但是该参数是徐变系数与长期挠度系数间的重要纽带参数,通过徐变挠度系数将徐变系数与长期挠度系数联系起来,对建立精确的长期挠度计算模式有重要意义。

8.2.3 长期挠度系数与徐变挠度系数

在第3章中,3片折线先张梁徐变系数拟合值与试验值对比和精度分析分别如图3.8和表3.3所示,其长期挠度系数拟合公式值与试验值对比及精度分析分别如图3.12和表3.15所示。从拟合值和试验值对比图及精度分析可知,试验值与拟合公式值比较吻合,表明两参数的拟合公式值可较为客观地反映折线先张梁徐变系数及长期挠度系数的时程规律。

在第4章中,依据对预应力水平不同的3根折线先张梁和1根抛物线后张梁跨中截面不同高度处长期应变进行实测,建立了全预应力梁和部分预应力梁的徐变应变几何模型。采用解析法,推证了预应力混凝土梁徐变挠度系数与徐变系数间的数值关系表达式如式(4.53)所示;并进一步采用有限单元法验证了解析法结论的正确性。因此,可将3根折线先张试验梁的长期挠度系数拟合值、徐变系数拟合值和式(4.53)计算得出的徐变挠度系数值进行对比,如图8.4所示。

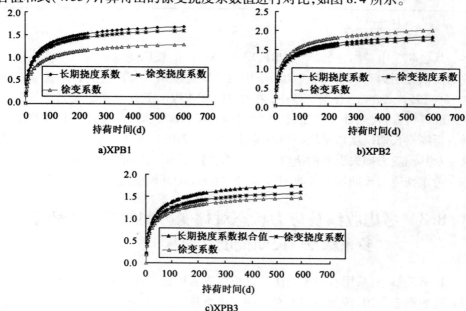

a)XPB1 b)XPB2

c)XPB3

图8.4 折线先张梁长期变形系数时程曲线

从图 8.4 可知,由于试验梁预应力度差异,3 片折线先张梁 XPB1、XPB2、XPB3 长期挠度系数与徐变系数的数值规律不完全一致,但其长期挠度系数拟合值均大于徐变挠度系数计算值。考虑梁的长期挠度是由收缩应变和徐变应变等多种因素共同引起的,图 8.4 反映出的结果与理论分析是一致的,因而是正确合理的。但徐变系数与徐变挠度系数间的数值关系是受预应力梁预应力水平影响的。

对折线先张梁,由于二次加载龄期较晚,而混凝土收缩大多发生在早龄期,但考虑到桥梁结构服役环境差异,收缩变形及其引起的预应力损失仍会长期存在,因此可以通过研究长期挠度与徐变挠度的数值关系,进而估算其他因素引起的挠度增量。结合第 4 章研究成果,3 片折线先张梁根据试验数据拟合的长期挠度系数公式与徐变挠度系数计算公式进行对比,如表 8.3 所示。

试验梁 $\varphi_l(t,t_0)$ 与 $\varphi_f(t,t_0)$ 数值关系   表 8.3

梁编号	XPB1	XPB2	XPB3
① $\varphi_l(t,t_0)$	$1.97k_t$	$2.18k_t$	$2.08k_t$
② $\varphi_f(t,t_0)$	$1.24 \times 1.52k_t$	$0.88 \times 2.35k_t$	$1.08 \times 1.78k_t$
①/②	1.05	1.06	1.08
②/①	0.96	0.95	0.93

注: $k_t = \dfrac{(t-t_0)^{0.6}}{8+(t-t_0)^{0.6}}$。

从表 8.3 中看出,试验梁 XPB1、XPB2、XPB3 的长期挠度系数与徐变挠度系数的比值分别为 1.05、1.06、1.08,三根梁徐变挠度系数分别占其长期挠度系数的 96%、95%、93%。在第 7 章中,采用 MIDAS-CIVIL 软件对折线先张梁长期挠度组成进行分析,当计算至加载 10 年时,XPB1、XPB2、XPB3 徐变引起的挠度增量占折线梁长期挠度增量均在 90% 以上。结合 MIDAS-CIVIL 的分析结果,如将收缩及其预应力损失引起的挠度一并考虑,可以推论:对折线先张法预应力梁,综合考虑预应力长期损失及收缩因素,长期挠度为其徐变挠度的 1.1 倍。

8.3 考虑收缩及应力状态对徐变影响的折线先张梁"多系数法"长期挠度计算模式

在第 7 章中,采用有限单元法分析折线先张梁长期挠度组成,不考虑各影响因素间的耦合作用,按照各因素对长期挠度贡献量排序,它们分别是混凝土徐变及其引起的预应力损失、收缩及其引起的预应力损失、预应力松弛损失等引起的挠度增量。实际上,任何一项因素引起的挠度增量及影响因素本身均为随机变量,其精确程度对长期挠度的预控均有影响。如仅就徐变及其引起的预应力损失而言,应力状态的差异对混凝土徐变性能影响即不能忽视,尤其是折线布束的先张法预应力混凝土梁,混凝土处于弯剪压复合应力状态下,建立综合考虑应力状态对徐变性能影响及收缩变形对长期挠度贡献的"多系数法"长期挠度计算模式,对提高折线先张梁长期挠度的预估精度是必要的。

8.3.1 "多系数法"长期挠度系数表达式

在第 3 章中,以混凝土徐变的"先天理论"为理论基础,对 3 根折线先张梁长期挠度系数实测值进行拟合,得出了仅考虑持荷时间这一因素的"单因素法"长期挠度系数表达式,如式(3.25)所示。但该表达式考虑因素过少,在工况环境特殊等诸多因素综合影响时不便于推广应用。例如,结合第 6 章分析可知,应力状态差异对混凝土徐变性能影响不容忽略,反映预应力水平的预应力度值、剪切应力,以及预应力松弛及与收缩徐变耦合引起的时变应力等对长期挠度均有贡献。而且,加载龄期的差异、收缩引起的挠度等对长期挠度的贡献并不等同。

因此,建立考虑多种影响因素且便于工程应用的"多系数法"长期挠度系数计算模式是必要的,其表达式如式(8.15)所示,即:

$$\varphi_l(t, t_0) = \eta_\theta \varphi_f(t, t_0) \tag{8.16}$$

式中:η_θ——综合考虑收缩及预应力长期损失引起的时变应力对长期挠度的贡献,结合 7.3 节和 8.2 节,对折线先张梁,该系数可取值 1.1;

$\varphi_f(t, t_0)$——徐变挠度系数,$\varphi_f(t, t_0) = k\varphi_c(t, t_0)$;

k——考虑预应力梁荷载因素、截面特征等因素的综合性影响系数,其值可参考式(4.58)取得;对预应力度值介入 0.6 ~ 1.3 的预应力梁,亦可参考式(4.59)的简化公式计算确定;

$\varphi_c(t, t_0)$——徐变系数,对折线先张梁,可参考第 3 章式(3.24)取值。

因此,采用式(8.15)长期挠度系数公式,考虑了不同应力状态下的徐变性能、混凝土收缩,以及预应力松弛损失等因素对长期挠度的共同影响;对于长期挠度的各种影响因素考虑得更加完备,故本书称之为"多因素法"。对于徐变系数已经确定的预应力梁,其长期挠度值可采用式(8.15)计算的较为精确。

8.3.2 "多系数法"与"单系数法"两种计算公式对比

在第4章,通过对试验梁长期挠度系数时程规律的研究,建立了仅考虑荷载持续时间因素的"单因素法"长期挠度系数计算模式。将"单因素法"与式(8.15)中"多因素法"法对试验梁长期挠度系数的计算值与试验实测值进行对比,如图8.5所示。

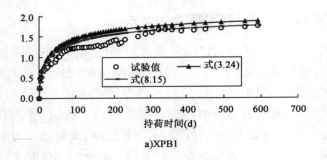

a)XPB1

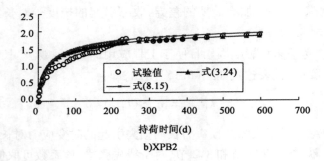

b)XPB2

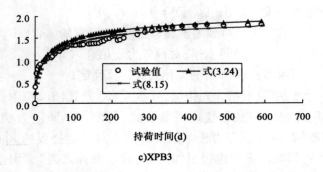

c)XPB3

图8.5 "单因素法"与"多因素法"长挠系数模式与试验值对比

将两种方法的长期挠度系数计算模式进行对比,如表8.4所示。

折线先张梁"单因素法"与"多因素法"长期挠度系数模式对比　　表8.4

对比内容	单因素法	多因素法
表达式	先天理论表达式: $2.18 \times \dfrac{(t-t_0)^{0.6}}{8+(t-t_0)^{0.6}}$	$1.1 \times \dfrac{\dfrac{N_P}{A_0}\left(1+\dfrac{1}{\lambda}\right)+\dfrac{M_P}{W}\left(\dfrac{1}{\lambda}-1\right)}{\dfrac{N_P}{A_0}\dfrac{2}{\lambda}+\dfrac{2M_P}{W}\left(\dfrac{1}{\lambda}-1\right)}\varphi_c(t,t_0)$ 或 $1.1 \times \dfrac{1}{2.586-1.611\lambda}\varphi_c(t,t_0)$
考虑因素	荷载持续时间,影响因素单一	混凝土收缩、应力状态、截面因素及所有影响徐变系数的因素如环境条件、荷载持时、含钢率、收缩徐变及预应力松弛共同引起的时变应力损失、梁体刚度退化等因素
适用范围	对折线先张梁长期挠度的粗略估算,只需已知荷载持时	对徐变变形值控制较严格的构件长期挠度的精确计算,需已知预应力度值、徐变系数模式等
计算误差	如图8.5所示,两种公式对试验梁长挠系数计算都较接近,比较而言,"多因素法"与试验值更为精确	

8.3.3　折线先张梁长期挠度计算公式

根据试验研究可知,对预应力混凝土梁,长期挠度系数 $\varphi_l(t,t_0)$ 与徐变系数 $\varphi_c(t,t_0)$ 在概念上、时程规律上以及各系数的终值上均不相同。为了进一步说明长期挠度系数与徐变系数的差异,将 GB 50010—2010、JTG D62—2004 等计算模式下对试验梁的长期挠度系数与徐变系数的计算值、4 片梁的试验结果及本书的研究成果,进行了对比分析,如表8.5所示。

不同计算模式下 $\varphi_l(t,t_0)$ 与 $\varphi_c(t,t_0)$ 对比　　表8.5

梁　编　号		XPB1($\lambda=1.12$)	XPB2($\lambda=0.91$)	XPB3($\lambda=1.03$)
试验值 (持荷 590d 实测值)	① $\varphi_c(t,t_0)$	1.33	2.02	1.48
	② $\varphi_l(t,t_0)$	1.75	1.90	1.81
	②/①	1.32	0.94	1.22
GB 50010—2002	① $\varphi_c(t,t_0)$	1.51	1.54	1.51
	② $\varphi_l(t,t_0)$	2.0	2.0	2.0
	②/①	1.32	1.30	1.32

梁 编 号		XPB1($\lambda = 1.12$)	XPB2($\lambda = 0.91$)	XPB3($\lambda = 1.03$)
JTG D62—2004	① $\varphi_c(t, t_0)$	1.33	1.82	1.33
	② $\varphi_l(t, t_0)$	1.43	1.42	1.43
	②/①	1.43	1.42	1.43
本书研究成果	①式(3.24) $\varphi_c(t, t_0)$	1.47	2.46	1.67
	②式(8.15) $\varphi_l(t, t_0)$	2.04	2.26	2.04
	②/①	1.39	0.92	1.22

由表 8.5 可知,我国规范 GB 50010—2002、JTG D62—2004 等计算模式对全预应力梁 XPB1、XPB3 的计算结果与试验结果较为接近;由于没有考虑预应力度因素,且对收缩及时变应力考虑不足,对两片部分预应力梁 XPB2、HPB1 计算结果与试验值偏差较大。本书所建立的长期挠度系数公式及徐变系数公式中,不仅考虑了预应力度的影响,而且还考虑了收缩应变及时变应力对长期挠度的贡献,所以计算值与试验结果接近。说明本书建立的折线先张梁长期挠度系数公式与徐变系数公式,能较为客观地反映折线先张梁的长期变形规律,计算结果与试验结果符合良好。

因此,根据长期挠度系数的定义及折线先张梁的"单因素法"和"多因素法"长期挠度系数计算公式,可分别建立折线先张梁长期挠度不同模式的计算公式。

"单因素法"长期挠度计算公式:

$$f_l = 2.20 \times \frac{(t - t_0)^{0.6}}{8 + (t - t_0)^{0.6}} f_1 \tag{8.17}$$

式(8.16)中各符号含义如前述,该公式适用于对折线先张梁长期挠度的估算。对于长期挠度计算精度要求比较高的折线先张梁,可采用"多因素法"长期挠度计算公式:

$$f_l = 1.1 \times \frac{\dfrac{N_p}{A_0}\left(1 + \dfrac{1}{\lambda}\right) + \dfrac{M_p}{W}\left(\dfrac{1}{\lambda} - 1\right)}{\dfrac{N_p}{A_0}\dfrac{2}{\lambda} + \dfrac{2M_p}{W}\left(\dfrac{1}{\lambda} - 1\right)} \times \varphi_c(t, t_0) f_1 \tag{8.18}$$

从式(6.21)中看出,长期挠度值不仅考虑了收缩、徐变系数所有的影响因素,而且还考虑了预应力梁的 N_p、M_p、λ、A_0、W 等因素对长期挠度的影响。

当预应力梁的预应力度值在 0.6 ~ 1.3 之间时,可采用简化公式计算长期挠度：

$$f_l = 1.1 \times \frac{1}{2.586 - 1.611\lambda} \varphi_c(t, t_0) f_1 \qquad (8.19)$$

对预应力度值为 0.6~1.3 之间的折线先张法预应力混凝土梁，其长期挠度可按式(8.19)简化计算：

$$f_l = \frac{2.78}{2.586\lambda - 1.611\lambda^2} k_d k_v k_{RH} k_c \frac{(t - t_0)^{0.6}}{8 + (t - t_0)^{0.6}} f_1 \qquad (8.20)$$

采用这三种长期挠度计算公式，对三片折线梁持荷 590d 时的计算结果和试验实测值进行了对比，如表 8.6 所示。从表 8.6 中看出，三种计算模式均具有较高的精度，但在具体工程应用时尚应考虑各自的适用范围。

不同计算公式下试验梁持荷 590d 时长期挠度值分析（单位：mm）　　表 8.6

梁 编 号	XPB1	XPB2	XPB3
①试验实测值	3.93	6.77	3.25
②式(8.17)	4.19	6.71	3.23
②/①	1.07	0.99	0.99
③式(8.18)	3.97	6.99	3.19
③/①	1.01	1.03	0.98
④式(8.19)	4.10	7.07	3.28
④/①	1.04	1.04	1.01

参 考 文 献

［1］ 杜拱辰.现代预应力混凝土结构［M］.北京：中国建筑工业出版社,1988.

［2］ Lin. T. Y.,Burns N. H.. Design of Prestressed Concrete Structures［M］. New York：John Wiley and Sons, 1981.

［3］ G. S. Ramaswamy. Modern Prestressed Concrete Design［M］. London：Pitman, 1976：1-16.

［4］ 吕志涛,孟少平.现代预应力设计［M］.北京：中国建筑工业出版社,1998： 1-36.

［5］ 中国工程建设标准化协会.CECS 180：2005.建筑工程预应力施工规程［S］. 北京：中国计划出版社,2005.

［6］ 薛伟辰.现代预应力结构设计［M］.北京：中国建筑工业出版社,2003.1-18.

［7］ 王辉,王健,王用中.折线配束先张法预应力混凝土梁的研究与应用［J］.公 路,2007,7：55-61.

［8］ 中国钢铁工业协会.中国建筑用钢的现状与发展［R］.高强度钢在建筑领域 应用技术国际研讨会.天津,2007.

［9］ 王厚昕,李正邦.我国热轧钢筋的发展和现状材料与发发展［J］.冶金学报, 2006,5（2）：141-145.

［10］ 房贞政.预应力结构理论与应用［M］.北京：中国建筑工业出版社,2005.

［11］ 王新宇.折线先张法预应力混凝土箱梁受力性能及工程应用研究［D］.郑 州：郑州大学,2010.

［12］ 王俊.折线先张法预应力混凝土梁徐变性能研究［D］.郑州：郑州大 学,2011.

［13］ 陈开利.帕劳共和国的桥梁倒塌事故［J］.国外公路,1998,18（3）：31-33.

［14］ 冯大斌,董建伟,孟履祥.后张预应力孔道灌浆现状［J］.施工技术,1983, 35（4）：49-51.

［15］ 王海良,王慧东.折线布束先张法预应力梁技术的探讨［J］.铁道标准设 计,2002,4：24-26.

［16］ 王慧东,刘立峰.20m 公路折线先张梁静载试验研究［J］.石家庄铁道学院 学报,2006,19（1）：10-14.

［17］ 刘立新,胡丹丹,于秋波,等.先张法折线形预应力梁钢绞线摩擦损失试验 研究［J］.郑州大学学报（工学版）,2006,27（4）：6-9.

［18］ 刘立新,安鸿飞,于秋波,等.淮河大桥 35m 先张折线形箱梁预应力损失的研究［J］.郑州大学学报(工学版),2007,28(4):12-15.

［19］ 王俊,刘立新,赵静超.折线先张预应力混凝土梁施工阶段性能试验研究［J］.中外公路,2009,(6):116-119.

［20］ 中华人民共和国交通部.JTG D62—2004 公路钢筋混凝土及预应力混凝土桥涵设计规范［S］.北京:人民交通出版社,2004.

［21］ 刘立新.折线配筋预应力混凝土先张梁成套技术研究［R］.郑州:郑州大学,2007.

［22］ 徐占国,温江涛.青藏铁路 24m 折线配筋先张梁施工及监理要点［J］.铁路建筑,2005,10:13-15.

［23］ 冯敏娟,张旭东.折线配筋先张法预应力混凝土梁制造工艺［J］.铁道标准设计,2003,5:27-29.

［24］ 河南高速公路发展有限责任公司.折线配筋预应力砼先张梁成套技术研究［R］.郑州,2007.

［25］ 王海良.折线先张梁下拉装置的构思及试验［J］.广西交通科技,2003,4:64-66.

［26］ 刘立峰,黄琳,杨文军.折线先张梁长线法工艺研究［J］.施工技术,2005,35(7):31-33.

［27］ 曹新刚.24m 先张法折线配筋预应力混凝土简支梁施工技术［J］.铁路建筑技术,2004,6:7-9.

［28］ 王海良,秘永和.对我国预应力混凝土梁制造中先张法应用的思考［J］.铁道建筑,2002(11):39-40.

［29］ 王荣华,盛兴旺.先、后张预应力砼简支箱梁力学性能对比分析［J］.广西交通科技,2003,4,106-108.

［30］ 和民锁,马新安,曹新刚.大跨度先张法折线配筋预应力混凝土简支梁预制施工技术［J］.铁道工程学报,2004(2).

［31］ 陈泳周,孟庆峰,王宪彬,等.折线先张梁施工中抗拔锚桩桩长的计算［J］.桥梁,2000(4).

［32］ 杨庆国,易志坚,刘占芳.混张工艺制作先张折线预应力混凝土构件的设想［J］.桥梁建设,2005(4).

［33］ 王继山.先张法预应力混凝土梁台座的设计和施工［J］.辽宁交通科技,1998(12):16-18.

［34］ 王亚辉.折线配束的先张预应力混凝土 50mT 梁的施工技术［J］.公路,

2007(5).

[35] 陈丽君.先张法预应力大型简支梁张拉台座的设计与施工[J].哈尔滨铁道科技,2005(03):31-32.

[36] 颜嘉.箱梁预制先张法与后张法经济比较[J].铁路工程造价管理,2009(1).

[37] Wang Xinyu, Liu Lixin, Hu Dandan. Experimental study on the bending behavior of pre-stressed concrete beams by pre-tensioned method with bent-up tendons[A]. Proceedings of International Symposium on Innovation & Sustainability of Structures in Civil Engineering. Shanghai:Southeast China University Press, 707-715,2007.

[38] 刘立新,于秋波,汪小林.500MPa钢筋预应力混凝土梁疲劳受力性能试验研究[J].建筑结构学报,2008,12.

[39] 蔡江勇,蒋沧如.预应力混凝土钢绞线应变测试方法研究[J].测试技术学报,2002,6:187-190.

[40] Eduardo, G. S, Oscar. etc. Time-dependent analysis of reinforced and prestressed concrete members [J]. ACI Structural Journal, 1996, 93 (4): 420-427.

[41] R. H. Evans, F. K. Kong. 预应力混凝土的徐变[J]. 世界桥梁,1980,2: 15-30.

[42] 耿波.预应力混凝土梁起拱控制方法及试验研究[D].武汉:武汉理工大学,2004.

[43] 周建民.预应力混凝土梁上拱度的预测及控制[J].上海铁道大学学报(自然科学版),1997,18(4):32-37.

[44] 陈申奇.预应力混凝土简支梁的挠度计算[J].中南公路工程,1978,2: 11-14.

[45] 李之达,邓科,李耘宇.混凝土徐变及其在桥梁预拱度设置中的应用[J].交通科技,2006,6:14-16.

[46] 胡狄.预应力混凝土桥梁徐变分析[D].长沙:中南大学,2003.

[47] 王俊.应力状态对预应力混凝土梁徐变性能的影响研究[R].郑州:郑州大学博士后出站报告,2016.

[48] 谢峻,王国亮,郑晓华.大跨径预应力混凝土箱梁桥长期下挠问题的研究现状[J].公路交通科技,2007,24(1):47-50.

[49] 周履,陈永春.收缩徐变[M].北京:中国铁道出版社,1994.

[50] Neville A M. Properties of Concrete[M]. London:Pitman,1981:374-375.

[51] 惠荣炎,黄国兴,易若冰. 混凝土的徐变[M]. 北京:中国铁道出版社,1988:1-60.

[52] Young J. F. , S. Mindess. Concrete[M]. New Jersey:Prentice-Hall,1981:481-500.

[53] ACI Committee 209. Prediction of Creep,Shrinkage,and Temperature Effects in Concrete Structures[R]. Detroit:America Concrete Institute,1982.

[54] A. H. 尼尔逊. 混凝土结构设计[M]. 北京:中国建筑工业出版社,2003:168-187.

[55] 徐金声,薛立红. 现代预应力混凝土楼盖结构[M]. 北京:中国建筑工业出版社,1998:24-78.

[56] 吕志涛,潘钻峰. 斜向开裂混凝土梁的瞬时及长期剪切变形[J]. 建筑科学与工程学报,2010,27(2):1-9.

[57] Huang,Jimin. Behavior of an Integral Abutment Bridge in Minnesota,US[J]. Structural Engineering International,2011,21(3):320-331.

[58] Rafael Manzanarez,Miroslav Olmer. Parrotts Ferry Bridge Retrofit[R]. T. Y. Lin. International,1994.

[59] 铁建设〔2007〕47 号. 新建时速 300-350 公里客运专线铁路设计暂行规定[S]. 北京:中国铁道出版社,2005.

[60] 周东卫. 高速铁路混凝土桥梁徐变变形计算分析及控制措施研究[J]. 铁道标准设计,2013,6:65-67.

[61] 薛照钧. 高铁特大跨混凝土连续梁徐变设计应用研究[J]. 桥梁建设,2011,4:23-26.

[62] 周亚栋,邵旭东,聂美春,等. 二次预应力简支组合梁受力性能与技术经济分析[J]. 土木建筑与环境工程,2009,31(6):7-14.

[63] Francis T. K. Au,X. T. Si. Accurate time-dependent analysis of concrete bridges considering concrete creep,concrete shrinkage and cable relaxation. Engineering Structures[J]. 2011,33(1):118-26.

[64] 薛伟辰,胡于明,王巍,等. 1200d 预应力高性能混凝土梁长期性能试验研究[J]. 同济大学学报(自然科学版),2008,36(8):1018-1024.

[65] Wang-Jun,Liu-LiXin. Experimental study on creep coefficient effected by prestressed degree of prestressed concrete beam[C]. International Symposium on Innovation & Sustainability of Structures in Civil Engineering. China:South

China University of Technology,2009:1070-1075.

[66] 王传志,滕志明. 钢筋混凝土结构理论[M]. 北京:中国建筑工业出版社,1983.

[67] 中华人民共和国建设部,国家质量监督检验检疫总局. GB 50010—2010 混凝土结构设计规范[S]. 北京:中国建筑工业出版社,2010.

[68] 中华人民共和国交通部. JTG D62—2004 公路钢筋混凝土及预应力混凝土桥涵设计规范[S]. 北京:人民交通出版社,2004.

[69] 中华人民共和国交通部. JTG D62—2012 公路钢筋混凝土及预应力混凝土桥涵设计规范[S]. 北京:人民交通出版社,2012.

[70] ACI Committee 209. Prediction of creep,shrinkage,and temperature effects in concrete structures[R]. Manual of Concrete Practice:ACI 209R-92,Farmington Hills,1992.

[71] AASHTO APPENDICES-2002 Appendices to Standard Specifications for Highway Bridges 2002-17th Edition.

[72] 国家质量技术监督局. GB/T 228—2002 金属材料室温拉伸试验方法[S]. 北京:中国标准出版社,1992.

[73] 国家质量技术监督局. GB/T 232—1999 金属材料弯曲试验方法[S]. 北京:中国标准出版社,2000.

[74] 裴伯永,盛兴旺,乔建东,等. 桥梁工程[M]. 北京:中国铁道出版社,2001:65-100.

[75] 范立础. 桥梁工程[M]. 北京:人民交通出版社,2001:272-294.

[76] 王俊,刘立新,赵静超. 折线先张预应力混凝土梁施工阶段性能试验研究[J]. 中外公路,2009,6:116-119.

[77] 蔡江勇,蒋沧如. 预应力混凝土钢绞线应变测试方法研究[J]. 测试技术学报,2002,6:187-190.

[78] 亢景付,艾军,刘颖. 用应变片测定钢绞线张拉力的理论修正[J]. 建筑技术,2005,4:285-286.

[79] Lin. T. Y. Load Balancing Method for Design and Analysis of Prestressed Concrete Structures[J]. ACI Journal,1963(6):719-742.

[80] 熊学玉. 预应力结构原理与设计[M]. 北京:中国建筑工业出版社,2004:113-160.

[81] G. S. Ramaswamy. Modern Prestressed Concrete Design[M]. London:Pitman,1976:1-16.

［82］ 王俊,刘立新.预应力度对预应力梁徐变曲率影响的试验研究[J].土木工程学报,2010,43(8):37-43.

［83］ Jun WANG,Jin XU,Dan Ying GAO. Numerical relationship between creep deformation coefficients of prestressed concrete beams[J]. Materials and Structures,2015,3. DOI. 10. 1617/s11527-015-0587-5.

［84］ British Standard Institute. BS5400 Part4. Code of practice for Design of Concrete Bridges [S]. Croydon:Constrado,1984.

［85］ 混凝土收缩徐变协作组.混凝土收缩与徐变的实用数学表达式的试验研究[J].建筑科学,1987,3:14-22.

［86］ 唐崇钊.混凝土的继效流动理论[J].水利水运科学研究,1980,4:1-13.

［87］ CEB-FIP. Model Code for Conerete Structure 1990[S]. Paris:1990:53-58.

［88］ Branson D E. Deformation of concrete structures [M]. New York:McGraw Hill International Book Company,1977.

［89］ 龚洛书,惠满印,杨蓓.砼收缩与徐变的实用数学表达式[J].建筑结构学报,1988(5):37-42.

［90］ N. J. Gardner,M. J. Lockman. Design provisions for Drying shrinkageand Creep of Normal-Strength Concrete [J]. ACI Materials Journal, 2001, 98 (2): 159-167.

［91］ 吕志涛,潘钻峰.斜向开裂混凝土梁的瞬时及长期剪切变形[J].建筑科学与工程学报,2010,27(2):1-9.

［92］ 苏清洪.加筋混凝土收缩徐变的试验研究[J].桥梁建设,1994,4:11-18.

［93］ 潘钻峰,吕志涛,孟少平.配筋对高强混凝土收缩徐变影响的试验研究[J].土木工程学报,2009,42(2):11-17.

［94］ 贺拴海.桥梁结构理论与计算方法[M].北京:人民交通出版社,2003:274-276.

［95］ 《部分预应力混凝土结构设计建议》编写组.部分预应力混凝土结构设计建议[M].北京:中国铁道出版社,1985.

［96］ Bakoss S L,Gilbert R I,Faulkes K A. Long-term deflections of reinforced concrete beams[J]. Magazine of Concrete Research,1982,34(121):203-212.

［97］ 曹国辉,方志.混凝土连续箱梁长期受力性能分析[J].工程力学,2009,26(3):155-161.

［98］ Corley W G,Sozen M A. Time dependent deflections of reinforced concrete beams[J]. ACI Journal,1966,63(3):373-386.

［99］ 薛伟辰,胡于明,王巍.预应力混凝土梁徐变性能试验[J].中国公路学报,
    2008,21(4):61-66.

［100］ 曹国辉,方志,方智锋.钢筋混凝土梁徐变效应试验研究与分析[J].建筑
    科学,2007,23(3):55-58

［101］ 陈萌,毕苏萍,张兴昌.商品混凝土早龄期受拉弹性模量的试验研究[J].
    建筑科学,2007,23(11):48-61.

［102］ 丁大钧,庞同和.钢筋混凝土及预应力混凝土受弯构件在长期荷载作用
    下的试验研究[J].建筑结构学报,1980,3:1-11.

［103］ 朱伯龙.混凝土结构设计原理[M].上海:同济大学出版社,1995:
    171-174.

［104］ Mayer. H. , Rusch. H. Building damage caused by deflection of reinforced
    concrete building components. technical translation 1412, National Research
    Council of Canada: Ottawa, Canada.

［105］ 孙海林,叶列平,冯鹏.钢筋混凝土梁长期变形的计算[J].工程力学,
    2007,24(11):88-93.

［106］ 王俊,王博,孔亚美.预应力混凝土梁徐变挠度影响因素分析与计算模式
    构建[J].建筑结构,2016,46(6):95-99.

［107］ 郭金琼.箱形梁设计理论[M].北京:人民交通出版社,1991.

［108］ 牛和恩.虎门大桥工程(主跨270m连续刚构桥)[M].北京:人民交通出
    版社,1999.

［109］ 刘钊,李鹏.考虑竖向预应力扩散影响的箱梁腹板预压应力计算.公路交
    通科技[J].2004,12:54-57.

［110］ 王新敏,王秀伟.某连续刚构桥施工阶段开裂原因的空间分析[J].铁道
    标准设计,2001,21(4):20-21.

［111］ 陈宇峰,徐君兰,余武军.大跨PC连续刚构桥跨中持续下挠成因及预防
    措施[J].重庆交通大学学报,2007,26(4):6-8.

［112］ 郭磊,陈守开.混凝土多轴应力状态下的徐变研究[J].水利水电科技进
    展,2007,27(6):18-20.

［113］ 柯敏勇,刘海祥,陈松.桥用高强混凝土双轴徐变试验研究[J].建筑结构
    学报,2012,33(6):116-122.

［114］ 惠荣炎,黄国兴,易冰若.混凝土三轴徐变的试验研究[J].水利学报,
    1993,24(7):75-80.

［115］ 黄国兴,惠荣炎,王秀军.混凝土徐变与收缩[M].北京:中国电力出版

社,2012.

[116] 罗素蓉,晁鹏飞,郑建岚.自密实混凝土拉压徐变比较试验研究[J].工程力学,2012,29(12):95-100.

[117] A. M. Frondenthal. Creep and creep cover under high compression stress. ACI,1958,27(12).

[118] 黄胜前,杨永清,李晓斌,等.不同应力状态下混凝土空间徐变的统一表达式[J].材料导报 B:研究篇,2013,27(1):150-152.

[119] 王勖成.有限单元法[M].北京:清华大学出版社,2003:545-613.

[120] 王新敏.ANSYS 工程结构数值分析[M].北京:人民交通出版社,2007:430-489.

[121] 赵曼,王新敏,高静.预应力混凝土结构徐变效应的有限元分析[J].国防交通工程与技术,2004,1:34-38.

[122] 周细辉,刘雪锋,汪维安.采用 ANSYS 进行砼徐变收缩分析的研究[J].公路与汽运,2006,5:83-86.

[123] 赵静超.折线先张及曲线后张预应力混凝土梁徐变性能研究[D].郑州:郑州大学,2010.

[124] 王俊,刘立新,赵静超.预应力度对梁徐变系数与徐变挠度系数数值关系的影响[J].郑州大学学报(工学版),2013,34(5):26-30.

[125] 周期源,高轩能.考虑剪切变形影响时变截面梁的挠度计算[J].南昌大学学报(工科版),2006,28(3):295-298.

[126] 张建仁,汪维安,余钱华.高墩大跨连续刚构桥收缩徐变效应的概率分析[J].长沙交通学院学报,2006,22(2):1-7.

[127] Li Xianping,Robertson I N. Long-term Performance Predictions of the North Halawa Valley Viaduct [R]. Honolulu:University of Hawaii,2003:1-203.

[128] 金结飞.大跨 PC 连续箱梁桥长期持续下挠成因研究[D].广州:广东工业大学,2012.

[129] 潘立本,陈蓓.用分段逼近法计算混凝土收缩与徐变引起的构件预应力损失[J].工程力学,1998,15(4):123-126.

[130] 王俊,刘立新,赵静超.折线先张预应力混凝土梁施工阶段性能试验研究[J].中外公路,2009,(6):116-119.

[131] 卢志芳.考虑时变性和不确定性的混凝土桥梁收缩徐变及预应力损失计算方法[D].武汉:武汉理工大学,2011.

[132] A. Ghallab, A. W. Beey. Ultimate Strengthened Prestressed Beams[J]. Struc-

ture & Buildings. 2002,4:395-406.

[133] Byung Hwan Oh,In Hwan Yang. Realistic Long-Term Predicition of Prestress Forces inPSC Box Girger Bridges[J]. Journal of Bridge Engineering,2001, 6(9):1109-1116.

[134] 陈永春,徐金声,高红旗. 预应力构件的钢筋松弛和混凝土收缩徐变应力损失的计算[J]. 建筑科学,1987,(3):35-39.

[135] 王铁梦. 钢筋混凝土结构的裂缝控制[J]. 安徽建筑,2001(1):10-13.

[136] ACI Committee 209. Prediction of creep,shrinkage and temperature effects in concrete structures[R]. USA:Detroit,1971.

[137] 陈萌. 混凝土结构收缩裂缝的机理分析与控制[D]. 武汉:武汉理工大学,2006.

[138] American Concrete Institute. ACI 435. Control of deflection in concrete structures [S]. USA,1995.

[139] Pietorius P C. Deflection of reinforced concrete members:a simple approach [J]. ACI Journal,1985,82(6):805-812.

[140] 张珽,谢奇,袁细发. 纯弯曲混凝土梁的徐变试验研究[J]. 武汉理工大学学报,2003,27(4):489-491.

[141] 何广汉,蒲黔辉. 混凝土徐变性能和其长期徐变行为的预估方法[J]. 铁道学报,1990,(1):46-58.

[142] 余慧平. 混凝土徐变与收缩特性现场试验研究[J]. 铁道建筑技术,1997,(5):7-11.

[143] 周乐农. 预应力混凝土简支梁徐变特性的试验研究[J]. 长沙铁道学院学报,1989,7(2):84-88.

[144] 陆采荣,姜竹生,刘世同,等. 五河口斜拉桥高性能混凝土长期变形试验研究[J]. 公路,2006,5:20-25.

[145] 唐崇钊,黄卫兰,陈灿明. 工程混凝土的徐变测试与计算[M]. 南京:东南大学出版社,2013:227-238.